mare

Birgit Pelzer-Reith

Tiger an Deck

Die unglaublichen Fahrten von Tieren und Pflanzen quer übers Meer

mare

Die Deutsche Nationalbibliothek verzeichnet
diese Publikation in der Deutschen Nationalbibliografie;
detaillierte bibliografische Daten sind
im Internet unter http://dnb.ddb.de abrufbar.

1. Auflage 2011

Lektorat Sabine Wünsch
Typografie und Einband
Farnschläder & Mahlstedt, Hamburg
Schrift Garamond Premier Pro
Druck und Bindung CPI Clausen & Bosse, Leck
Printed in Germany
ISBN 978-3-86648-128-2

www.mare.de

FSC
www.fsc.org
MIX
Papier aus verantwortungsvollen Quellen
FSC® C083411

Inhalt

Vorbemerkung

Das Meer sei ein Nahrungsreservoir, schreibt Fernand Braudel in seinem Buch *Die Welt des Mittelmeers* – vor allem aber sei es eine »Transportfläche«. Seit der Antike schon hatte man wilde Tiere, Gewürze und verschiedenste Kostbarkeiten über das Mittelmeer von Afrika nach Europa verfrachtet. Durch die Fortschritte in Nautik, Kartografie und Navigation und den Bau hochseetüchtiger Schiffe wurden ab dem 15. Jahrhundert Fahrten über größere Distanzen möglich – so konnte Christoph Kolumbus Amerika entdecken und Vasco da Gama den Seeweg nach Indien; so wurde, noch bevor sich im 19. Jahrhundert die Dampfschifffahrt entwickelte, das gesamte maritime Transportwesen revolutioniert. Es entstand ein intensiver transatlantischer Austausch, der ab dem 18. Jahrhundert bereits zu einem globalen Phänomen wurde, denn inzwischen erreichte man auch Australien, Neuseeland und Ozeanien über den Seeweg. Die Welt veränderte sich in einem bis dahin unbekannten Ausmaß.

Viele Pflanzen und Tiere, die jenseits der »Transportfläche« Meer eine neue Heimat fanden, drückten ganzen Landstrichen ihren Stempel auf. Um nur ein Beispiel zu nennen: Der Cowboy, umgeben von riesigen Wildpferd- und Rinderherden, ist für uns ein uramerikanisches Symbol – doch erst mit Kolumbus waren Pferde und Rinder überhaupt auf den amerikanischen Kontinent gelangt.

Und auch auf das Leben der Menschen hatte und hat der transatlantische Austausch und Handel erhebliche Auswirkungen. Wer könnte sich heute noch ein Frühstück ohne Kaffee oder Tee vorstellen? Einen Supermarkt oder Marktstand ohne Orangen, Tomaten, Paprika und Bananen? Hortensien, Tulpen, Flieder und unzählige andere Zierpflanzen, die ursprünglich aus fernen Ländern stammen, sind aus unseren Gärten nicht mehr wegzudenken. Dass diese Pflanzen vor wenigen Jahrhunderten in Europa völlig unbekannt waren, macht sich heutzutage kaum jemand klar.

Es war während eines Urlaubs in Andalusien, dass ich Feuer für das Thema fing: Auf der *Ruta Colombina,* in der Nähe von Palos de la Frontera, stießen wir auf die Nachbauten der Schiffe des Christoph Kolumbus. Hier hatte er im August 1492 mit der *Santa Maria,* der *Pinta* und der *Niña* abgelegt – zwei Monate später sollte er überraschend den amerikanischen Kontinent entdecken. Ich betrachtete die Schiffe. Wie konnten Menschen auf diesen kleinen Nussschalen das Meer überqueren? Wie schafften es Besatzung und Tiere, zusammengepfercht auf engstem Raum, dieses Wagnis durchzustehen? Wie viel Mut und Ideenreichtum hatte es gebraucht? Es war mir ein Rätsel. Ich begann, über die abenteuerlichen Umstände nachzudenken, unter denen die Seereisen von Menschen, Tieren und Pflanzen in früheren Jahrhunderten stattfanden, das Thema faszinierte mich und ließ mich nicht mehr los. Ich setzte an zu meiner eigenen Forschungsreise.

Birgit Pelzer-Reith
Herbst 2010

Teil I

Tiere unterwegs

Wir sind nun bereit, unsere Reise fortzusetzen, und es fehlen nur einige weibliche Wesen unserer eigenen Spezies, um aus der *Resolution* eine komplette Arche zu machen, denn ich habe die Anzahl der Tiere, die ich in England an Bord genommen habe, erheblich erweitert.

James Cook bei seiner dritten Weltumsegelung im August 1776
aus Kapstadt an Joseph Banks

Tiere und Transport, dabei denkt man zunächst an Lasten, an Waren oder an Menschen, die von Tieren getragen oder gezogen werden: Ochsenkarren, Pferdefuhrwerke, Kutschen oder etwa Schiffe, die stromaufwärts getreidelt (von Land aus gezogen) werden, an Menschen hoch zu Ross oder auf dem Rücken von Esel, Kamel und Elefant, an Karawanen von Lasttieren. Seit Tausenden von Jahren werden Tiere jedoch nicht nur für den Transport benutzt, sondern auch selbst aus den verschiedensten Gründen transportiert, oft über schier endlose Distanzen, über das Meer, von einer Insel zur anderen, von einem Land ins andere oder zu neuen Kontinenten. Sie wurden als Proviant während einer langen Reise mitgeführt, bei kriegerischen Auseinandersetzungen und zum Vergnügen eingesetzt, sie waren Handelsware oder dienten dem Aufbau von Kolonien.

Bereits in der Antike wurden Elefanten und andere wilde Tiere aus Afrika mit dem Schiff über das Mittelmeer nach Italien gebracht; auch Bären aus Dalmatien gelangten über das Adriatische Meer dorthin. Aus dem Mittelalter liegen nur einige wenige Nachrichten von Schiffstransporten vor. Das bekannteste Beispiel aus dieser Zeit ist sicherlich der Elefant, den Karl der Große vom Kalifen von Bagdad als Geschenk erhielt.

Im Zuge der Entdeckungs- und Handelsreisen gelangten dann zunehmend mehr exotische Tiere nach Europa. Zwar hatten schon zu Zeiten Heinrichs des Seefahrers (1394–1460) Schiffe auf der Rückfahrt von der Westküste Afrikas häufig lebende Ware an Bord, bis zu Beginn des 16. Jahrhunderts kam der Großteil der Tiere allerdings über das Mittelmeer nach Europa, um in den Tiergehegen von Herrschern, Adligen und kirchlichen Würdenträgern zur Schau gestellt zu werden oder als

Geschenke auf dem diplomatischen Parkett zum Einsatz zu kommen. Erst mit dem Aufschwung Portugals zur bedeutendsten Seemacht verlagerte sich der Importweg auf den Atlantik. Der weite Transport der exotischen Tiere war kein einfaches Unterfangen. Da ihre Lebensgewohnheiten kaum bekannt waren, war meist zu wenig oder die falsche Nahrung an Bord. Empfindliche kleine (junge) Säugetiere, wie etwa Korallenäffchen aus Südamerika, wurden im 17. Jahrhundert während der Überfahrt deshalb gern der Betreuung von Frauen übergeben. Im Bedarfsfall wurden die Tiere von diesen sogar gesäugt.

In den folgenden Jahrhunderten entwickelte sich in den Hafenstädten Europas ein reger Handel mit fremdländischen, seltenen Arten. Waren es in der Anfangszeit der Entdeckungs- und Handelsreisen meist kleine Tiere, so brachten die Schiffe später zunehmend größere Tiere, wie Zebras und Großantilopen, und auch Raubtiere nach Europa. Sie wurden in Stallungen zur Schau gestellt und verkauft oder von Seemännern, die mit ihnen durchs Land zogen, einem staunenden Publikum vorgeführt. Ab Mitte des 18. Jahrhunderts etablierten sich in der Folge sogenannte Wandermenagerien, die von Stadt zu Stadt zogen und die Tiere ausstellten. Mit der Gründung von Tiergärten und (Wander-)Zirkussen, in denen wilde Tiere nicht nur in Käfigen präsentiert, sondern in Manegen vorgeführt wurden, wuchs der Abnehmerkreis für teure, exotische Tiere beträchtlich.

Der Handel veränderte sich: Tiere wurden nun quasi auf Bestellung aus den Kolonien mitgebracht. Dabei spielte eine Rolle, dass sich durch den Einsatz von Dampfschiffen ab den 1870er-Jahren die Dauer der Überfahrt über die Ozeane zunehmend verkürzte. Die Risiken des Schiffstransports blieben zwar weiterhin hoch, doch die Versorgung mit Futter und Trinkwasser wurde einfacher. Im 20. Jahrhundert schließlich reisten exotische Tiere in großer Zahl über die Ozeane, um zu ihren Bestimmungsorten, hauptsächlich zoologische Gärten und Zirkusse, zu gelangen. Jetzt unternahmen auch die Zirkusse selbst immer größere Tourneen – sogar nach Übersee.

Tiere wurden jedoch nicht nur aus Vergnügungszwecken über weite

Strecken zu ihrem Bestimmungsort transportiert. Zur Zeit der Kreuzzüge etwa wurden Pferde von Marseille, Genua oder Venedig in sogenannten Torschiffen nach Palästina gebracht, ein schwieriges Unterfangen, das in mittelalterlichen Chroniken oft beschrieben wird.

Pferde – und allerlei anderes Nutzvieh – gehörten auch zu den ersten Tieren, die Kolumbus auf seine zweite Reise in die Neue Welt mitnahm. Zusammen mit den in den nächsten Jahren folgenden Tieren bildeten sie die Grundlage für die tierische Landwirtschaft der neuen Kolonien. Europäische Nutztiere wurden im Zuge der Kolonialisierung auch nach Australien verfrachtet: Kaninchen, Rinder, Schafe, Pferde … Im 19. Jahrhundert folgten Kamele – aus Karachi kommend – sowie Lamas und Alpakas aus Peru. Etliche der tierischen Immigranten vermehrten sich mangels natürlicher Feinde in der Folge so stark, dass sie bald die heimische Fauna und Flora bedrohten – und heute vonseiten der australischen Regierung mit allen Mitteln bekämpft werden. Der Transport einer *größeren* Zahl von Nutztieren mit dem Schiff blieb lange Zeit jedoch auf kürzere Distanzen beschränkt. Erst der Einsatz von Dampfschiffen mit höheren Ladekapazitäten eröffnete die Beförderung in großem Stil. Heute haben Massentransporte quer über die Ozeane ein unvorstellbares Ausmaß angenommen, und meist finden sie unter ebenso unzumutbaren Bedingungen statt wie vor über hundert Jahren: unzureichend Nahrung und Wasser, beengte Platzverhältnisse und unhygienische Verhältnisse.

Auch das Geschäft mit Importfleisch boomt: Frischfleisch und andere verderbliche Ware konnte man bis ins 19. Jahrhundert nur für kurze Zeit mithilfe von Eis kühlen; ein Transport über längere Distanzen war daher unmöglich. Heute stehen wir dank moderner Kühl- und Gefriertechnik im Supermarkt vor der Wahl: Kaufen wir die saftigen Rindersteaks aus Argentinien, die Lammkeule aus Neuseeland, das Straußenfilet aus Südafrika, oder entscheiden wir uns für Fleisch aus heimischer Landwirtschaft?

Schaulust und Vergnügen

»Blut und Spiele«

Seit der Antike wurden wilde Tiere aus Afrika mit dem Schiff über das Mittelmeer nach Italien gebracht, wo sie als repräsentative Statussymbole oder begehrtes Jagdwild in den Tierparks der römischen Aristokratie dienen oder bei den berühmten Spielen, den *circenses,* mitwirken sollten. So gehörten neben 32 Elefanten zehn Tiger, 60 Löwen, 30 Leoparden, zehn Giraffen und sechs Flusspferde zum Privatzoo des römischen Kaisers Marcus Antonius Gordianus (225–244). Die Bewohner Roms konnten im Jahr 58 v. Chr. erstmals Krokodile und ein Nilpferd bestaunen. Der Ädil Marcus Aemilius Scaurus hatte dazu eigens einen Wassergraben in der Stadt anlegen lassen. Das größte Privatgehege nannte Kaiser Augustus (62 v. Chr. – 14 n. Chr.) sein Eigen. Neben 420 Tigern, 260 Löwen, einem Nashorn, einem Flusspferd und 36 Krokodilen beherbergte dieser Park noch mehr als 600 andere afrikanische Tiere. Der größte Anteil der nach Rom verschifften Tiere landete jedoch nicht in den privaten Zoos, sondern in Amphitheatern und Zirkusarenen.

Neben Gladiatorenkämpfen und Zirkusrennen waren die *venationes,* die »Tierhetzen«, die dritte Gattung von Spielen, in die die römische Obrigkeit sehr viel Geld investierte und die mit einem hohen Prestige verbunden waren. Überall im Römischen Reich entstanden Bauten für die *circenses.* Die größte Arena, das Kolosseum in Rom, fasste nahezu 50 000 Besucher. Dort kämpften Elefanten gegen Stiere, Tiger und Löwen, Löwen gegen Leoparden, Krokodile und Flusspferde –

und sie alle mussten gegen bewaffnete Gladiatoren antreten. Im Zuge der Christenverfolgung im 2. und 3. Jahrhundert n. Chr. wurden ihnen aber auch Verurteilte zum Fraß vorgeworfen. Je höher die Zahl der getöteten Tiere, desto größer soll das Vergnügen des Publikums gewesen sein. Die ersten belegten *venationes* fanden 186 v. Chr. in Rom unter dem Konsul Marcus Fulvius Nobilior statt. Er ließ zur Ergötzung des Publikums im Circus Maximus Löwen und Panther jagen. Während der Zeit der Römischen Republik (ca. 509–27 v. Chr.) und weit mehr noch während der Kaiserzeit (27 v. Chr. – 476 n. Chr.) waren diese Spiele bei den Römern außerordentlich beliebt, und die Zahl der getöteten exotischen Tiere stieg in die Tausende, da jeder Veranstalter versuchte, seine Vorgänger durch ein noch größeres Spektakel zu überbieten. Pompeius Magnus (106–48 v. Chr.) hatte im Jahr 55 v. Chr. zur Einweihung seines Theaters in Rom ungefähr 600 Löwen, 400 Leoparden, 18 Elefanten und ein indisches Rhinozeros in Tierhetzen antreten lassen. Bereits einige Jahre später konnte das römische Publikum die erste Giraffe bewundern. Während der Amtszeit des bereits erwähnten Augustus sollen ungefähr 3500 Tiere, darunter 260 Löwen und 36 Krokodile, ihr Leben in den Arenen von Rom gelassen haben. Bei den Feierlichkeiten zur Einweihung des Kolosseums im Jahr 80 n. Chr. ging man noch weiter, denn schier unglaubliche 5000 Tiere – manche Chronisten sprechen sogar von 9000 – sollen damals abgeschlachtet worden sein. Übertroffen wird diese Zahl nur noch bei den unter Trajan (58–117) durchgeführten Spielen, bei denen an 123 Tagen 11 000 Tiere zu Tode kamen. In der Provinz mussten sich die Zuschauer solcher Veranstaltungen wohl mit einer geringeren Anzahl an Tieren und auch mit weniger exotischen begnügen.

Exotische Tiere spielten auch bei Dressurdarbietungen und Triumphzügen eine große Rolle. Alfred Brehm berichtet in *Brehms Tierleben* von gelehrigen Elefanten, die »Buchstaben mit einem Griffel« gezeichnet hätten, andere seien »auf einem schräg gespannten Seil« auf und ab gegangen. Sie hätten getanzt und an »einer prächtigen besetzten Tafel aus Gold- und Silbergeschirr mit aller Beobachtung der feinen

Sitte und des Anstandes« gespeist. Bei prunkvollen Umzügen seien abgerichtete Elefanten mitgeführt worden oder hätten gar im Gespann den Triumphwagen des Herrschers gezogen. Bei den im Juni 46 v. Chr. abgehaltenen Triumphzügen, mit denen Caesar die Eroberung von Gallien, Ägypten, der Region Pontos am Schwarzen Meer und Afrika feierte, eskortierten ihn an einem Tag 40 Elefanten, die brennende Leuchter in ihren Rüsseln trugen.

Einige dieser Tiere waren als diplomatische Geschenke von den Dynastien des Orients nach Rom gekommen, doch die meisten waren durch systematische Jagd im Auftrag der römischen Obrigkeit in ihren Herkunftsländern gefangen worden. Ihr Transport über weite Strecken sowohl über Land als auch über das Meer konnte nur mit großem organisatorischem Einsatz und der Hilfe Fachkundiger bewerkstelligt werden. Ganze Heerscharen von Pflegern, Wärtern, Tierärzten und Dompteuren wurden dafür benötigt. Die meisten Tiere kamen aus dem Norden Afrikas, aus dem Gebiet zwischen dem heutigen Marokko und Libyen, aus Syrien und Mesopotamien. Nach dem Fang wurden sie zu einem Sammelplatz und von dort zum nächstgelegenen Seehafen transportiert. Von Alexandria, Antiochia, Caesarea, Karthago oder Leptis Magna aus überquerten sie schließlich auf speziell eingerichteten Schiffen das Mittelmeer.

Bei gutem Wetter dauerte die Überfahrt nach Ostia oder Puteoli drei bis fünf Tage. Stürme und hoher Seegang konnten die Reise erheblich verlängern. Von Alexandria nach Rom musste man sogar mit 50 bis 70 Tagen rechnen, da aufgrund der herrschenden Nordwestwinde nicht der direkte Weg gewählt werden konnte. Stattdessen führte die Route an der Südküste Kleinasiens entlang, an Rhodos und Kreta vorbei nach Syrakus auf Sizilien und weiter durch die Straße von Messina. Wo immer möglich wählte man für die Schiffsreisen den Zeitraum zwischen Anfang April und Mitte November, da in den Wintermonaten starker Regen, Nebel und Stürme die Orientierung erschweren konnten. Ohne Kompass war man damals auf markante Punkte entlang der Küste und die Gestirne angewiesen, die einem den Weg wiesen: bei

Nacht die Sterne und tagsüber die Sonne. Schlechte Witterungsverhältnisse behinderten die Beobachtungen und machten die Fahrt erheblich gefährlicher. Über das Aussehen und den genauen Typ der damals zum Tiertransport verwendeten Schiffe gibt es keine Angaben. Wracks antiker Schiffe, die im römischen Fernhandel eingesetzt wurden, erlauben jedoch Rückschlüsse: Die durchschnittliche Größe dieser Segelschiffe reichte von 19 bis 35 Meter Länge bei einer Breite von sieben bis zehn Metern und einer Ladekapazität von 150 bis 350 Tonnen. Größere Schiffe wurden für den Getreidetransport von Ägypten nach Rom eingesetzt. Als Segel verwendete man meist ein rechteckiges Rahsegel aus Leinwand, das durch ein schachbrettartiges Netz aufgenähter Lederstreifen verstärkt wurde. Das berühmte Mosaik in der Villa Romana del Casale nahe der Piazza Armerina auf Sizilien stellt zwar den Fang und den Transport exotischer Tiere dar und wie ein Elefant auf ein Segelschiff geführt wird, gibt aber keinen Aufschluss über die Größe des Schiffes.

Nicht nur Elefanten, ebenso Kamele, Antilopen und andere große Pflanzenfresser kamen auf ihren eigenen vier Beinen über Verladerampen an und wieder von Bord. Klassische Autoren wie Polybios und Livius berichten, dass für das Verladen von Elefanten die Rampen und die Schiffsplanken mit Gras und Erde getarnt wurden, um die sensiblen Tiere überhaupt dazu bewegen zu können, an Bord zu gehen. Doch die meisten der gefangenen Tiere, vor allem die Raubtiere, wurden in Käfigen, in denen sie meist auch die Überfahrt verbrachten, auf das Schiff getragen. Da neben der eigentlichen Fracht lebende Tiere als Futter für die Raubtiere und Grünfutter für die Pflanzenfresser sowie ausreichend frisches Wasser mitgenommen werden mussten, wurden die Tiertransporter bei längeren Fahrten wahrscheinlich von Versorgungsschiffen begleitet. Bei kurzen Seereisen – zum Beispiel von Karthago im heutigen Tunesien nach Ostia oder Puteoli – war dies sicherlich nicht notwendig.

Viele Tiere überlebten diese Transporte nicht oder gelangten in schlechter Verfassung an ihren Bestimmungsort. Schiffbrüche, Krankheiten und mangelnde oder falsche Nahrung führten zum Tod Abertausender Tiere, was schon in der Antike zur Ausrottung verschiedener Tierarten geführt haben dürfte, wie der Flusspferde in Nubien (Südägypten/Nordsudan), der Löwen in Mesopotamien und der Tiger im heutigen Iran. Für das Aussterben der Elefanten nördlich der Sahara war jedoch nicht allein der ständig benötigte Nachschub für die römischen Spiele verantwortlich, sondern ebenso die Jagd nach Elfenbein, das schon im antiken Rom zu den begehrten Luxusartikeln zählte.

Diplomatische Geschenke

Mit dem Ende des Weströmischen Reiches fanden auch die Tierkämpfe innerhalb seiner Grenzen ein Ende, während aus Konstantinopel noch für das 12. Jahrhundert Zirkuskämpfe überliefert sind, an denen die verschiedensten Raubtiere teilnahmen. Die Zahl der privaten Tiergehege ging ebenfalls zurück, doch exotische Tiere blieben weiterhin Prestigeobjekte und Statussymbole der weltlichen und geistlichen Herrscher. Vielfach dienten die lebendigen Gaben als diplomatische Geschenke. Karl der Große besaß drei Menagerien, in denen neben Raubtieren, Affen, Kamelen und farbenprächtigen Vögeln der schon erwähnte Elefant lebte, den er vom Kalifen von Bagdad, Harun al-Rashid, als Geschenk erhalten hatte. Das oft als weiß beschriebene Tier, das auf den Namen Abul Abaz hörte, hatte eine abenteuerliche Reise hinter sich. Sein Weg hatte Abul Abaz und seine Begleiter von Bagdad aus vermutlich über Jerusalem und an der Mittelmeerküste entlang nach Tunesien geführt. Hier bemühte sich Isaak, in dessen Obhut sich der Elefant seit dem Tod der beiden Gesandten Karls des Großen befand, vergeblich um ein Schiff für die Überfahrt nach Italien. Möglicherweise erschien es den Kapitänen zu gefährlich, ein mehrere Tonnen schweres Tier über das Meer zu transportieren, oder sie fürchteten einen Angriff der byzantinischen Flotte. Erst eine von Karl dem Großen entsandte Flotte konnte das Tier und seine Begleiter aufnehmen und brachte sie im Oktober 801 sicher nach Portovenere in der Nähe des heutigen La Spezia in Ligurien. Von hier aus trat der Elefant zu Fuß die Weiterreise nach Aachen an, wo er am 13. Juli 802 wohlbehalten eintraf und ungläubiges Staunen hervorrief.

Erst mehr als 400 Jahre später kam unter Friedrich II. wieder ein Elefant, ein Geschenk des Sultans von Ägypten, nach Europa. Der Sultan übersandte außerdem eine Giraffe und einen weißen Papagei; weniger spektakulär waren das Reitpferd und die Maultiere. Über die Reise dieser Tiere ist nichts überliefert, ebenso wenig über die der anderen Exoten, die sich im Tiergehege von Friedrich II. in Palermo befanden. Neben Trampeltieren und Dromedaren tummelten sich dort verschiedene Raubtiere, Affen, Gazellen und Giraffen. Den Elefanten ließ Friedrich II. 1235 nach Cremona bringen, wo das Tier einige Jahre später den Festumzug zum Empfang von Richard von Cornwall anführte. Auf seinem Rücken trug der geschmückte Koloss einen Holzaufbau, der eine Burg darstellte und mit bewaffneten Kriegern besetzt war.

Einen noch weiteren Weg legten viele der Tiere zurück, die in die erste Menagerie Englands kamen, die 1252 im Tower gegründet wurde. Sie mussten auch noch den als stürmisch bekannten Ärmelkanal überqueren. Der erste Elefant gelangte 1255 nach London und war ein Geschenk Ludwigs IX. an Heinrich III. Für seine Überfahrt von Wissant südlich von Calais nach Dover sowie den Weitertransport nach London musste der Sheriff von Kent für John Gouch, einen Diener des Königs, eigens ein Schiff und alle anderen Dinge, die für die Überfahrt notwendig waren, besorgen.

200 Jahre später erreichten die nächsten Elefanten Europa, genauer: die Iberische Halbinsel. Die meist jungen Tiere aus dem Bereich des heutigen Senegals wurden entweder in den königlichen Menagerien untergebracht oder als Geschenke auf dem diplomatischen Parkett weitergegeben. René I. von Anjou etwa erhielt um 1477 von Alfonso V., König von Portugal, einen Elefanten, zwei Dromedare und eine Zibetkatze, die wahrscheinlich von der Westküste Afrikas stammten. Nachdem Vasco da Gama den Seeweg nach Indien gefunden hatte, gelangten erst-

mals Asiatische Elefanten auf direktem Weg nach Europa. Wir wissen zwar, dass zwischen 1510 und 1515 sieben Elefanten an den portugiesischen Hof gesandt wurden, doch über ihre Seereise ist wenig bekannt. Es dürfte jedenfalls nicht einfach gewesen sein, einen Elefanten auf einer Fahrt von sechs oder mehr Monaten zu versorgen. So wurde zum Beispiel der Proviantverwalter der *Santa Maria de Ajuda* mit einem Schreiben vom 10. Dezember 1512 angewiesen, zur Verpflegung des »armen, kleinen Elefanten« für die Fahrt von Cochin nach Portugal »1500 Blöcke Rohrzucker, 1500 Kokosnüsse und hundert Säcke Reis« an Bord zu nehmen. Die Tiere wurden von indischen Mahouts begleitet, die sich auch später in der königlichen Menagerie in der Nähe des Palastes um die Tiere kümmerten. Unter König Manuel I. lebten zeitweise sogar fünf Elefanten, vier männliche und ein weiblicher, in der Menagerie.

Einer davon avancierte zum berühmtesten Geschenk der Diplomatie jener Zeit. Manuel I. übersandte den indischen Elefanten Hanno 1514 als Zeichen seiner Ergebenheit an Papst Leo X. Hanno, so wird überliefert, weigerte sich zunächst, die schwankenden Planken des Schiffes zu betreten, das ihn nach Italien bringen sollte. Sein indischer Wärter, der Portugal aufgrund einer Liebschaft nicht verlassen wollte, soll dafür verantwortlich gewesen sein. Man zwang den Mahout angeblich unter Androhung des Todes, dem Elefanten zu versichern, dass er einem noch größeren Herrscher dienen solle und die Überfahrt nach Rom unbedenklich sei. Hanno sei daraufhin unter Tränen und traurigen Lauten freiwillig an Bord gegangen.

Am 20. Mai 1515 betrat ein anderes merkwürdiges Tier aus Übersee europäischen Boden: ein indisches Panzernashorn. Das bis dahin in Europa unbekannte Tier war ein Geschenk des Sultans von Gujarat an den portugiesischen Vizekönig von Indien, Alfonso de Albuquerque. Dieser sandte den Dickhäuter an Bord der *Nostra Señora de Ajuda* von Goa (an der Südwestküste Indiens) aus nach Portugal, wo die Karavelle nach einer Fahrt von über 20 000 Kilometern mit ihrer kostbaren Fracht in Belém an der Mündung des Tejo vor Anker ging. Über die Route und die Dauer der Reise wissen wir nichts, doch das Tier, das bald nur noch

»das Monster« genannt wurde, scheint die lange Seereise recht gut überstanden zu haben, denn nur einige Wochen später ließ Manuel I. es auf dem Lissabonner Hauptplatz zu einem Duell gegen einen Elefanten antreten. Die Anregung zu diesem Spektakel lieferte wohl Plinius d. Ä., der in seiner *Naturgeschichte* von der tödlichen Feindschaft zwischen den beiden Dickhäutern geschrieben hatte. Der Elefant soll regelrecht geflohen sein. Im Dezember desselben Jahres trat das Nashorn als weiteres besonderes Geschenk für den Papst seine zweite Seereise an. Im Gegensatz zu Hanno, der die Überfahrt von Lissabon nach Italien unbeschadet überstand und bei seiner Ankunft in Rom großes Aufsehen erregte, erreichte das Nashorn den rettenden Hafen nicht. Zwar gelangte es noch bis nach Marseille, wo Franz I. das ungewöhnliche Tier bestaunte, doch bei der Weiterfahrt geriet das Schiff im Januar 1516 mit seiner wertvollen Fracht in Seenot, kenterte und sank im Golf von Genua. Das Nashorn ertrank jämmerlich im Mittelmeer. Berühmtheit erlangte es nicht zuletzt durch den Holzschnitt *Rhinocerus* von Albrecht Dürer, den dieser nach einer Skizze des Tieres fertigte, die den Weg von Lissabon nach Nürnberg gefunden hatte.

Mehr Glück hatte Zarafa, die erste Giraffe in Frankreich. Sie war ein Geschenk Mehmet Alis, des osmanischen Statthalters (Vizekönig) in Ägypten, an Karl X., König von Frankreich. Zarafa hatte man 1824 als Jungtier im äthiopischen Hochland gefangen. Von dort führte sie eine mehr als 3000 Kilometer lange beschwerliche Reise über Khartum nach Alexandria, wo sie nach einem dreimonatigen Aufenthalt auf dem Gelände des Palastes von Mehmet Ali auf die *I Due Fratelli,* eine sardische Brigg, verfrachtet wurde. Begleitet wurde Zarafa von zwei Arabern, die für sie verantwortlich waren. Außer der Giraffe wurden drei Milchkühe an Bord gebracht, die täglich 20 bis 25 Liter Milch zu deren Versorgung lieferten. Damit Zarafa aufrecht im Laderaum stehen konnte, wurde ein Loch in das Deck gesägt, dessen Ränder man mit Stroh polsterte, um ihren Hals zu schützen. Ein Baldachin aus Segeltuch schützte sie vor Sonne und Regen. Am 29. September 1826 stach die *I Due Fratelli* mit ihrer kostbaren Fracht in See und erreichte am 23. Oktober

Marseille. Allein die Kosten der Überfahrt, die das französische Schatzamt beglich, wurden mit 4500 Franc angegeben. Das war ein stolzer Preis, wenn man die Summe mit dem durchschnittlichen jährlichen Einkommen einer städtischen Arbeiterfamilie von rund 860 Franc vergleicht.

Nachdem Zarafa den Winter in Marseille verbracht hatte, legte sie ihre weitere Reise über Lyon nach Paris zu Fuß zurück. Verantwortlich für die Organisation des 900 Kilometer langen Marsches war Étienne Geoffroy Saint-Hilaire, einer der bedeutendsten europäischen Gelehrten des 19. Jahrhunderts. Er war Professor für Zoologie und hatte als Wissenschaftler Napoleons Truppen auf dem Ägypten-Feldzug (1798–1801) begleitet. Nun ergriff er die erforderlichen Maßnahmen, um die Giraffe heil an ihr Ziel zu bringen. Er ließ einen zweiteiligen Umhang aus Öltuch anfertigen, auf dem das Wappen des französischen Königs und das des ägyptischen Vizekönigs prangten, um das kostbare Tier vor Regen und Kälte zu schützen, und sorgte für Schuhe, damit die Hufe nicht zu stark abgetreten wurden. Die Bürgermeister der Dörfer, in denen der Tross übernachten würde, wies man an, Ställe mit einer lichten Höhe von vier Metern zu suchen.

Am 20. Mai verließ Zarafa mit ihren Begleitern sowie zwei Milchkühen Marseille. Nach 41 Tagen traf sie in Paris ein und wurde in ihr provisorisches Domizil, ein Gewächshaus im Jardin des Plantes, dem Botanischen Garten, gebracht. Auf Wunsch der Gemahlin Karls X., die es für angemessener hielt, dass die Giraffe sich auf den Weg zum König machte statt umgekehrt, zog Zarafa mit ihren Begleitern unter den Augen einer riesigen Menschenmenge und eskortiert von der königlichen Kavallerie am 9. Juli 1827 durch die Straßen von Paris zum Schloss Saint-Cloud. Hier wurde sie vom König und von seinem Hofstaat in Augenschein genommen. In den nächsten Jahren konnte Zarafa täglich im Jardin des Plantes besichtigt werden, was allein bis Ende 1827 600 000 Besucher anzog. In Paris brach eine regelrechte Giraffenmanie aus. Aufgetürmte Frisuren oder hohe Herrenhüte – alles wurde nun »à la girafe« genannt. Die verschiedensten Gegenstände wie Krawatten,

Schals, Stoffe und Porzellanfiguren wurden mit einem Giraffendesign versehen, und das Harfenklavier wurde in Giraffenklavier umgetauft.

Mehmet Ali bedachte nicht nur Karl X., sondern ebenso den englischen König Georg IV. und den österreichischen Kaiser Franz I. mit einer Giraffe. Vermutlich wollte er die europäischen Herrscher für seine Bestrebungen um Unabhängigkeit vom Osmanischen Reich gewinnen. Doch solche Geschenke blieben auch in der Folge beliebt. Im 19. Jahrhundert waren es vielfach Kolonialbeamte, die Tiere in ihr Heimatland sandten, und noch bis ins 20. Jahrhundert überreichten Staatsgäste ihrem Gastgeber gern exotische Tiere. 1972 etwa wurde der US-Präsident Richard Nixon von Chinas Staatschef Mao Zedong mit zwei Pandabären überrascht, und im November 1980 erhielt Bundeskanzler Helmut Schmidt vom chinesischen Regierungschef Hua Guofeng ebenfalls zwei Große Pandas als Staatsgeschenk. Das männliche Tier, Bao Bao, lebt heute noch im Berliner Zoo.

Neue Welten

Zu Zeiten Heinrichs des Seefahrers (1394–1460) brachen portugiesische Schiffe zu Erkundungsfahrten entlang der Westküste Afrikas Richtung Süden auf. Sie waren auf der Suche nach einer Seeroute nach Indien und damit zu den Schätzen Asiens: Spezereien, Gold und andere begehrte Waren. Dazu mussten sie zunächst das »Cabo di Não«, das »Kap Nein«, wie im Portugiesischen das Kap Nun genannt wurde, im Süden Marokkos umschiffen. Als nächste Hürde folgte das Kap Bojador, das »Kap des Schreckens«, an der westafrikanischen Küste südlich der Kanarischen Inseln. Zwölf Jahre lang, von 1422 bis 1433, kehrten die portugiesischen Seefahrer unverrichteter Dinge von ihren Expeditionsfahrten zurück. Zu groß war die Angst vor unberechenbaren Strömungen, Strudeln und Riffen, vor Sandbänken, Nebel und Stürmen – und nicht zuletzt fürchteten sie, von Seeungeheuern in die Tiefen des Meeres gezogen zu werden. Man wusste schließlich nicht, welche Gefahren und Herausforderungen im Süden lauerten. Kap Bojador liegt knapp vor dem nördlichen Wendekreis, und schon Ptolemäus (ca. 100–175) vertrat die Auffassung, dass zwischen den Wendekreisen alles Leben von der senkrecht stehenden Sonne versengt werde. Außerdem glaubte man, dass das Meer jenseits des nördlichen Wendekreises koche oder zu einem salzigen Brei werde, den kein Schiff zerteilen könne.

Erst Gil Eanes wagte sich 1434 bei seiner zweiten Entdeckungsfahrt entlang der afrikanischen Küste weiter. In einem kleinen Fischerboot segelte er mit seiner Mannschaft zunächst zu den Kanarischen Inseln, wo sein Schiff überholt wurde. Um das Kap Bojador zu überwinden, fuhr Eanes auf dem Weg von den Kanaren nach Süden nicht direkt an der Küste entlang, sondern weiter westlich, wo keine Gefahr durch Riffe und Untiefen drohte. Anschließend wandte er sich nach Osten. Ungefähr 150 Kilometer südlich des Kaps traf er wieder auf die Küste, die, anders als in den Vorstellungen der Seefahrer, der Küste weiter nördlich ähnlich war. Damit war eine der wichtigsten Hürden zur Aufklärung des Seewegs nach Indien genommen.

In den folgenden Jahren stießen portugiesische Seefahrer immer weiter nach Süden vor. 1444 erreichten sie das Kap Verde – heute Teil der senegalesischen Hauptstadt Dakar –, nach dem die vorgelagerten Kapverdischen Inseln benannt sind, und damit den westlichsten Punkt Kontinentalafrikas und drangen wahrscheinlich damals schon bis zu den Mündungen des Senegals und des Gambias vor. 1471 gelangten die Portugiesen bis in den Golf von Guinea und zehn Jahre später bis zur Mündung des Kongos. Zwischen 1482 und 1486 erforschte Diogo Cão im Auftrag Johanns II. den Küstenverlauf von der Äquatorregion bis zum heutigen Namibia, immer in der Hoffnung, die Südspitze Afrikas zu erreichen und von dort aus nach Osten vordringen zu können. Denn noch immer wusste niemand, bis wohin der Schwarze Kontinent reichte.

Erst Bartolomeu Dias gelang im Januar 1488 die Umschiffung der Südspitze Afrikas. Im August 1487 war Dias mit zwei Karavellen und einem kleinen Versorgungsschiff in Portugal aufgebrochen und hatte nach ungefähr vier Monaten das südliche Ende des Kontinents erreicht. Dort gerieten die Schiffe in einen Sturm, der sie weit nach Südwesten in den Atlantik hinaustrieb. Nachdem die Seefahrer ungefähr zwei Wochen lang kein Land sichteten, führte eine Kursänderung Richtung Norden dazu, dass sie Anfang Februar 1488 auf eine Küste stießen, die in westöstlicher Richtung verlief. Erst bei der Rückfahrt entlang dieser Küste Richtung Westen, die von der erschöpften Mannschaft erzwungen wurde, erkannte Dias, dass sie die – vermeintliche – Südspitze Afrikas umrundet hatten. Er taufte sie das »Stürmische Kap«, doch Johann II. nannte es »Kap der Guten Hoffnung«, denn nun schien die Seeroute nach Osten, der Weg zu den ersehnten Ländern und ihren kostbaren Waren, frei zu sein. Tatsächlich ist nicht das exponierte und oft sturmumtoste Kap der Guten Hoffnung, sondern das weiter östlich gelegene unscheinbare Kap Agulhas der südlichste Punkt des afrikanischen Kontinents.

Fast zehn Jahre später, am 8. Juli 1497, lichtete eine kleine Flotte unter Leitung des Portugiesen Vasco da Gama in Restelo in der Tejo-Mündung nahe Lissabon ihre Anker, um auf der östlichen Seeroute nach Asien zu gelangen. Da Gama segelte an der Westküste Afrikas entlang, um das Kap der Guten Hoffnung herum und weiter parallel zur südafrikanischen Küste. An der Ostküste des Kontinents folgte er einer Route, die vor ihm bereits andere portugiesische Seefahrer erkundet hatten. In Malindi, Kenia, gelang es ihm, einen kundigen muslimischen Seefahrer, der mit den Windverhältnissen im Indischen Ozean vertraut war, als Lotsen anzuheuern. Mit dessen Hilfe erreichten die Schiffe im Mai 1498 den Hafen von Calicut (das heutige Kozhikode) an der südindischen Malabarküste. Nach jahrzehntelangen Bemühungen war endlich der Seeweg nach Indien gefunden! Die Europäer wurden zwar mit Ehren empfangen, bald kam es jedoch zu schweren Zusammenstößen mit den arabischen Kaufleuten, die in ihnen eine unerwünschte Konkurrenz im Handel mit Spezereien sahen. Am 8. Oktober 1498 mussten sie fast fluchtartig die Rückreise antreten. Ende Juli 1499 erreichte das erste Schiff der Flotte Lissabon; Vasco da Gama selbst traf im September dort ein. Nicht einmal die Hälfte der ursprünglichen Besatzung von 170 Mann kehrte in die Heimat zurück.

Schon einige Monate später, im März 1500, brach die nächste Expedition aus Portugal auf, um die Handelsmöglichkeiten, die sich durch die Entdeckung der Seeroute nach Asien boten, auszubauen und den Handel in Südasien – notfalls mit Waffengewalt – an sich zu reißen. Unter dem Kommando von Pedro Álvares Cabral stachen in der Mündung des Tejo 13 schwer bewaffnete Schiffe mit 1200 bis 1500 Mann an Bord – die meisten gut ausgebildete Soldaten – in See. Unterwegs ging ein Schiff verloren, und da die Flotte viel zu weit nach Westen segelte, landete sie in einem bis dahin unbekannten Land, im heutigen Brasilien, das Cabral zum Besitz Portugals erklärte. Nach kurzem Aufenthalt brach er mit elf Schiffen – eines hatte er unverzüglich zurück nach Portugal gesandt – wieder auf. Er überquerte erneut den Atlantik, umrundete das Kap der Guten Hoffnung und gelangte von Mosambik mit sechs verbliebenen Schiffen nach Kozhikode. Hier versenkte er nicht nur einige Handelsschiffe der muslimischen Händler, sondern griff auch die Stadt selbst an, um die Machtposition Portugals zu demonstrieren. Von Kozhikode aus führte der Weg Cabrals nach Cochin, wo er große Mengen an Gewürzen aufkaufte. Auf dem Rückweg nach Portugal ging ein weiteres Schiff verloren, sodass nur fünf Schiffe mit ihrer kostbaren Ladung im September 1501 Portugal erreichten.

Einen anderen Weg, die reichen Länder Asiens zu erreichen, hatte einige Jahre vor ihm ein Mann gewählt, der als der Entdecker Amerikas in die Geschichte eingehen sollte: Christoph Kolumbus. Er stach am 3. August 1492 in Palos de la Frontera, einem kleinen Hafenstädtchen in Andalusien, im Auftrag der spanischen Krone in See, um den westlichen Seeweg nach Asien zu erkunden. Von Palos aus führte der Weg zu den Kanaren, wo die drei Schiffe überholt und frischer Proviant an Bord gebracht wurde. Am 6. September brachen sie wieder auf und erreichten nach 36 Tagen auf offenem Meer eine Insel der Bahamas. Von hier aus führte die Fahrt über Kuba nach Hispaniola, von wo Kolumbus die Heimreise antrat – in der festen Überzeugung, in Ostasien angelangt zu sein. Drei weitere Entdeckungsreisen führten den Genueser in den nächsten zehn Jahren in die Inselwelt der Karibik und an die Gestade Süd- und Mittelamerikas. Er erkundete die Küsten der Großen Antillen, viele Inseln der Kleinen Antillen, erreichte Trinidad und Tobago sowie die Mündung des Orinokos, immer auf der Suche nach den Schätzen Asiens und einer Passage durch die Landmasse. Bis an sein Lebensende hielt Kolumbus an der Idee fest, dass die von ihm entdeckten Länder zu Indien gehörten.

Zum Namensgeber des von Kolumbus entdeckten Kontinents wurde der Florentiner Amerigo Vespucci. In seinem ab 1503 in zahlreichen Ausgaben veröffentlichten Bericht von seiner Reise und seinem Aufenthalt in Brasilien 1501/1502 beschreibt er als Erster die entdeckten Länder als »Neue Welt«, als *mundus novus.* In Anlehnung an diesen Bericht nannten Martin Waldseemüller und Matthias Ringmann in ihrer 1507 erschienenen Einführung in die Kosmografie, der *Cosmographiae introductio,* zu der auch eine Weltkarte und ein Globus von Waldseemüller gehörten, die neuen Länder »America«. Diese Bezeichnung verwendeten sie jedoch nur für den südlichen Teil des Doppelkontinents. Erst der niederländische Kartograf Gerhard Mercator führte auf seiner Weltkarte von 1538 diesen Namen für Süd- *und* für Nordamerika ein.

Die westliche Seeroute nach Asien entdeckte schließlich Ferdinand Magellan, der im Auftrag Spaniens einen sicheren Schiffsweg zu den Molukken, den sogenannten Gewürzinseln, finden sollte. Dort sollte er die Laderäume seiner Schiffe mit Spezereien füllen und die kostbare Fracht nach Spanien bringen. Den Verlauf dieser Reise hat Antonio Pigafetta, einer der Überlebenden dieses Abenteuers, beschrieben. Pigafetta stammte aus Vicenza im italienischen Veneto und war mit dem Nuntius (Botschafter des Papstes) an den Hof des spanischen Königs in Sevilla gelangt. Hier lernte er Magellan kennen, der ihn als Begleiter ohne besondere Aufgaben mit auf das gewagte Unternehmen nahm. In der Folgezeit machte sich Pigafetta Tag für Tag Notizen über die Vorkommnisse an Bord, beschrieb den Verlauf der Reise, die neuen Länder, ihre Menschen und Gebräuche sowie ihre Flora und Fauna.

Am 20. September 1519 stach die kleine Flotte von fünf Schiffen mit 237 Mann Besatzung im spanischen Sanlúcar de Barrameda in See. Wie schon Kolumbus nahmen sie bei einem ersten Zwischenstopp auf den Kanarischen Inseln frischen Proviant an Bord. Die Schiffe segelten zunächst ein Stück an der Westküste Afrikas entlang, bevor sie den Atlantik in Richtung Südamerika überquerten, wo sie in der Bucht von Rio de Janeiro anlangten. Von hier folgte die Flotte der Küste in südlicher Richtung, immer auf der Suche nach einer Durchfahrt Richtung Westen. In der Bucht von San Julián in Argentinien überwinterte die Besatzung. Wegen der Herabsetzung der Rationen kam es zu einer Meuterei, die Magellan jedoch niederschlagen konnte. Anfang Oktober 1520, im südamerikanischen Frühjahr, setzte er die Fahrt fort. Am 21. Oktober stieß er auf eine heute nach ihm benannte Meeresstraße, die ins Landesinnere führte. Nach einer stürmischen und gefährlichen Fahrt durch diese Magellanstraße, die mehr als einen Monat dauerte, erreichte er mit drei Schiffen das Meer im Westen, das »Südmeer«. Magellan taufte es »mar pacífico«, »friedliches Meer«, da es zu diesem Zeitpunkt ganz ruhig war. Von hier aus segelte er Richtung Nordwesten und gelangte Mitte März 1521 nach einer von Hunger, Durst und Krankheit geprägten Fahrt zur philippinischen Inselwelt. Hier, auf der Insel Mactan, kam Magellan – und mit ihm viele seiner Männer – während kriegerischer Auseinandersetzungen mit den Einwohnern der Insel ums Leben. Etwa 100 Seeleute überlebten und setzten mit zwei Schiffen ihren Weg zu den Molukken fort. Beladen mit Gewürzen, traten sie schließlich auf verschiedenen Routen die Rückfahrt an. Doch lediglich die *Victoria* erreichte am 6. September 1522 nach der Überquerung des Indischen Ozeans und der Umrundung des Kaps der Guten Hoffnung nach fast dreijähriger Fahrt den Heimathafen Sanlúcar de Barrameda. An Bord befanden sich nur noch 18 Mann der ursprünglichen Besatzung. Die mitgeführte Ladung aus Gewürznelken, Zimt und Muskatnüssen brachte den Geldgebern, trotz des Verlustes von vier Schiffen, einen beträchtlichen Gewinn, da Gewürze zu den kostbarsten und begehrtesten Handelsgütern zählten. Außerdem war mit dieser erfolgreichen ersten

Weltumsegelung der praktische Beweis für die Kugelgestalt der Erde erbracht.

Nach diesen berühmten Entdeckungsfahrten – beziehungsweise zum Teil schon vor Magellans Reise – erkundeten und eroberten bis zum Ende des 16. Jahrhunderts im Dienste der Spanier oder der Portugiesen stehende Seefahrer weite Bereiche Amerikas und Asiens. Spanien schuf in Mittel- und Südamerika riesige Kolonialreiche, während Portugal sich auf Afrika und Asien konzentrierte. Ceylon (das heutige Sri Lanka) erreichten die Portugiesen erstmals 1506, Goa in Indien wurde 1510 erobert und zum Sitz des portugiesischen Vizekönigs beziehungsweise Generalgouverneurs erkoren. 1511 folgte die Eroberung des Handelszentrums Malakka auf der Malaiischen Halbinsel, das eine Drehscheibe des Handels zwischen Süd- und Ostasien wurde. Ein Jahr später segelte eine erste Flotte zu Erkundungen zu den Molukken. 1514 stießen portugiesische Schiffe bis zur am Perlfluss gelegenen südchinesischen Stadt Kanton (Guangzhou) vor; 1543 erreichten sie erstmals Japan, und 1557 erfolgte die Gründung der Kolonie Macao an der Mündung des Perlflusses.

Allein zwischen 1500 und 1509 segelten mehr als 100 Schiffe von Lissabon nach Indien (dazu gleich noch mehr). Sie brachten nahezu 10 000 Personen nach Indien und gründeten an ausgewählten Standorten an den Küsten Afrikas, am Persischen Golf, in Indien, auf den Gewürzinseln, in Malakka und Macao Stützpunkte, Festungen sowie Handelsniederlassungen. In den folgenden Jahren segelte Jahr für Jahr eine große Flotte auf der »Carreira da India«, wie die Schiffspassage von Südwesteuropa um das Kap der Guten Hoffnung an die südwestindische Küste genannt wurde, um die Schätze des Ostens nach Europa zu holen. Vor den Schiffen, die zwischen März und April im Konvoi in See stachen, lag eine Strecke von circa 12 000 Seemeilen, das sind fast 22 000 Kilometer.

Bei guten Bedingungen rechnete man mit einer Fahrzeit von sechs Monaten von Lissabon nach Goa oder Kochi (früher Cochin) an der Westküste Indiens; bei widrigen Windverhältnissen konnte die Fahrt aber auch acht Monate dauern. Dabei kam es immer wieder zu Unterbrechungen, um neuen Proviant an Bord zu nehmen, notwendige Reparaturen durchzuführen oder besseres Wetter abzuwarten. Die Entscheidung über die Route traf der Kapitän, abhängig von den herrschenden Passat- und Monsunwinden. Die sogenannte »innere Passage« verlief nach der Umschiffung des Kaps der Guten Hoffnung entlang der afrikanischen Küste bis weit nach Norden zum Horn von Afrika, von wo aus man mithilfe des Sommermonsuns den westlichen Indischen Ozean überquerte. Die »äußere Passage« führte südöstlich an Madagaskar und Mauritius vorbei direkt nach Goa oder Kochi, wo die Schiffe zwischen Ende August und Mitte Oktober einliefen. Nachdem man die Schiffe gewartet hatte und neuer Proviant geladen war, segelte ein Teil der Flotte westlich nach Hormuz, der andere östlich nach Malakka, Macao oder Nagasaki. Im Dezember und Januar traten die Schiffe, voll beladen mit Pfeffer, Indigo, Kaurimuscheln, Seide und anderen exotischen Waren, ihre Rückreise an. Nach der Umrundung des Kaps der Guten Hoffnung führte die Rückfahrt die Schiffe in den Mittelatlantik, über die Inselgruppe St. Helena oder die Kapverdischen Inseln weiter in Richtung Azoren und von hier aus nach Portugal, wo sie im Herbst eintrafen.

Im 16. Jahrhundert verließen insgesamt 705 Schiffe Lissabon in Richtung Indien, die meisten zwischen 1500 und 1520; etwa 600 kamen zurück; nach 1520 etwa vier pro Jahr, nach 1590 durchschnittlich noch zwei pro Jahr, wobei allerdings die Nutzlast der Schiffe erheblich gestiegen war, sodass sie mehr Waren transportieren konnten.

Nach Amerika traten die Schiffe im Konvoi ihre Fahrt von Sevilla, Cádiz oder Sanlúcar de Barrameda aus an. Die Route über den Atlantik, die »Carrera de las Indias«, führte über die Kanarischen Inseln, wo die Schiffe mit Proviant versorgt wurden und unter Ausnutzung des Nordostpassats in Richtung Neue Welt aufbrachen. Vor den Kleinen Antillen teilten sie sich auf: Ein Teil fuhr weiter nach Veracruz an der Küste Neuspaniens (das heutige Mexiko), während die anderen Richtung Cartagena de Indias (Kolumbien) und von dort aus nach Nombre de Dios an der Atlantikküste Panamas segelten. Beide Flotten benötigten zwischen 70 und 80 Tage, um ihr Ziel zu erreichen. Die Rückreise führte mit dem Golfstrom durch den Golf von Mexiko nach Havanna auf Kuba, von wo die Schiffe – nun wieder im Konvoi – vor dem Einsetzen der Herbststürme im August die Überfahrt nach Europa antraten. Mit 120 bis 130 Tagen dauerte die Rückreise erheblich länger als die Hinreise. Um die Handelsschiffe besser vor Übergriffen zu schützen, versah man sie ab 1522 mit der nötigen Bewaffnung, und ab 1524 erhielten sie sogar Geleitschutz durch Kriegsschiffe.

Operierten die Handelsflotten nach Mexiko und Panama anfangs streckenweise als ein gemeinsamer Verband, bildeten sie ab 1564 je eigene Konvois. Auf gesetzliche Anordnung hin segelte pro Jahr jeweils nur eine Flotte, die »flota de Nueva España«, nach Mexiko und eine andere, die »galeones de Tierra Firme«, nach Panama. Mehr als 10 500 Schiffe, die in Sevilla registriert waren, fuhren zwischen 1504 und 1650 nach Amerika, doch nur 7332 Schiffe kamen zurück. Schmuggler, Piraten und Kaperfahrer sind in dieser Zählung nicht berücksichtigt. Auf der Hinreise beförderten die Schiffe neben Lebensmitteln, Saatgut und Nutzvieh auch Waffen und Munition, vor allem aber Passagiere. Das waren zum einen Auswanderer, die freiwillig in die Neue Welt zogen, zum anderen Sklaven, die unter unmenschlichen Bedingungen nach Amerika verschleppt wurden. Bei der Rückreise bestand die Fracht neben Edelmetallen aus den peruanischen Minen aus Farbstoffen wie Indigo und Koschenille, Leder, Tierhäuten und Kakao; später kamen Kaffee, Zucker und Tabak hinzu – alles begehrte Waren in der Alten Welt.

Statussymbole und Prestigeobjekte

Mit der Entdeckung und Eroberung der neuen Welten und dem Aufschwung Portugals zur bedeutendsten Seemacht verlagerte sich der Handel mit exotischen Tieren, der bis zu Beginn des 16. Jahrhunderts zwischen dem Orient und den italienischen Seehäfen – allen voran Venedig – stattfand, auf den Seeweg über den Atlantik. Lissabon, später

Antwerpen, Amsterdam und London avancierten zu den wichtigsten Einfuhrhäfen. Von ihren Reisen brachten die Seefahrer neben begehrten Handelswaren Tiere mit, die bis dahin in Europa nur in der Welt der Sagen existiert hatten. Meist waren es farbenprächtige Vögel, Affen und andere Kleintierarten, die die Seefahrer im Tausch gegen billigen Tand von der einheimischen Bevölkerung erworben hatten, um sie zu Hause in der Alten Welt teuer zu verkaufen.

Vögel waren auch schon im Hochmittelalter nach Europa gebracht worden. Päpste, Könige, Fürsten und einige sehr reiche Kaufleute hielten sich bunt schillernde Exemplare, meist Papageien, die über den Levantehandel aus Nordafrika nach Italien gebracht wurden. Im Juni 1317 hatte zum Beispiel Papst Johannes XXII. von einem Arzt aus Genua für 40 Gulden einen Sittich erworben. Das entsprach etwa der Summe, die ein kleines Bistum oder eine Abtei jährlich an den Hof des Papstes entrichten musste. Auch die Nachfolger Johannes' XXII. fanden Gefallen an den bunten Vögeln. Seit 1431 gab es im Vatikan die Camera Papagalli, in der die kostbaren Tiere während des Aufenthalts des Papstes untergebracht waren. Rechnungsbücher, in denen die Ausgaben für den Transport, die Unterbringung und die Versorgung der Tiere eingetragen wurden, belegen, dass sie den Papst auf Reisen und selbst bei einem Wechsel der Residenz begleiteten.

Gut betuchte Pilger brachten ebenfalls Vögel, aber auch Hunde, Pferde und Affen von ihren Wallfahrten ins Gelobte Land mit nach Hause. Papageien waren nicht nur wegen ihrer Farbenpracht beliebt, sondern besonders wegen ihrer Fähigkeit zu sprechen. Sie wurden unterhaltsame Reisegefährten, für die horrende Summen bezahlt wurden. Doch nicht immer nahmen die Reisen einen glücklichen Ausgang: Konrad Grünemberg, Ritter aus Konstanz, berichtete 1487, dass bei seiner Rückreise aus Palästina infolge des heftigen Sturms viele der von den Pilgern mitgeführten Vögel ums Leben kamen.

Im Zuge der Entdeckungsfahrten der Portugiesen entlang der Westküste Afrikas gelangten seit Mitte des 15. Jahrhunderts vermehrt exotische Vogelarten, wiederum vor allem Papageien, nach Europa. Bereits

Alvise Cadamosto, ein venezianischer Schiffskapitän im Dienste Heinrichs des Seefahrers, brachte von seiner Entdeckungsfahrt 1455 aus dem Gebiet des Gambiaflusses 150 kleine Papageien mit – viele weitere waren während der Reise verendet –, die er in Portugal für einen Dukaten das Stück verkaufte. Besonders begehrt waren Graupapageien, da sie über ein ausgeprägtes Imitationsvermögen verfügen und deshalb rasch das Sprechen lernen. Kolumbus und seine Begleiter stießen bei ihrer ersten Fahrt in die Neue Welt auf eine üppige, ihnen meist unbekannte Flora und Fauna, darunter auch Papageien, die sie als größer und bunter als alle bereits bekannten Arten beschrieben. 40 Exemplare brachten sie von dieser Reise mit nach Spanien zurück, und einige davon ließ Kolumbus bei seinem Einzug in Sevilla am 31. Mai 1493 vorantragen. Antonio de Torres, den Kolumbus bei seiner zweiten Erkundungsfahrt als Botschafter an den spanischen Hof zurücksandte, hatte 60 langschwänzige Papageien von den Antillen mit an Bord.

Im Verlauf des 16. Jahrhunderts entwickelten sich Papageien und speziell Aras zu begehrten Objekten, die in den Volieren der geistlichen und der weltlichen Obrigkeit sowie der städtischen Patrizier Einzug hielten. Das Tiergehege Kaiser Maximilians II., das 1552 beim Schloss Kaiserebersdorf (im heutigen elften Wiener Gemeindebezirk) errichtet wurde, beherbergte größtenteils exotische Vögel, und auch im 1570 gegründeten Fugger-Zoo in Augsburg, dem vermutlich ersten öffentlichen Tierpark im deutschsprachigen Raum, konnten neben verschiedenen Säugetieren aus Afrika und Mittelamerika Papageien, Kanarienvögel und Kolibris bestaunt werden.

Die meisten und die gefragtesten Tiere kamen aus Mittel- und Südamerika. Der Transport dauerte aufgrund der geringeren Entfernung viel kürzer als der aus Asien, was die Überlebenschance der Tiere während der Fahrt erhöhte. Die *Bretoa,* ein portugiesisches Handelsschiff, das Ende Juni 1511 die Bucht von Cabo Frio in der Provinz Rio de Janeiro verließ, hatte neben ihrer eigentlichen Fracht, dem Brasilholz, Sittiche, Katzen (vermutlich Leoparden), Affen und Papageien geladen. An Bord der *Pélérine,* die 1532 ihre Anker zur Fahrt von Recife nach

Marseille lichtete, befanden sich neben 3000 Fellen von Großkatzen (Jaguar, Ozelot und andere) 300 Affen verschiedenster Arten und 600 schön gefärbte Papageien, von denen ein jeder einige Worte Französisch sprach. Der Wert der Tiere wird mit jeweils sechs Dukaten angegeben.

Bereits Anfang des 16. Jahrhunderts partizipierten private Kaufleute am lukrativen Geschäft mit den exotischen Tieren. 1505 investierten Augsburger Kaufleute aus den Handelsgesellschaften der Fugger, Welser und Höchstetter in eine Flotte, die in Richtung Molukken segelte, und ab 1510 verschifften die Fugger aus ihren Niederlassungen in der Neuen Welt exotische Tiere nach Europa. Neben den Fuggern unterhielten auch die Handelshäuser der Paumgartner, Welser und Herwart intensive Handelskontakte nach Afrika und Südamerika. Durch sie gelangten begehrte Waren wie Walrosszähne, Schildpatt, Elfenbein und Tierbälge in die Kunst- und Wunderkammern, lebende Tiere wie Papageien, Affen und Wildkatzen in die Menagerien der Mächtigen in Europa. Über Lissabon kamen die Tiere nach Antwerpen in die Faktoreien der Handelshäuser, von wo sie nach Süddeutschland gebracht wurden.

In die ersten Karten, die auch die Neue Welt zeigten, hatte man die Tiere, meist Papageien, von Hand eingezeichnet. Doch schon auf der 1507 entstandenen gedruckten Weltkarte von Martin Waldseemüller ist an der brasilianischen Küste ein kleiner roter Papagei abgebildet. Papageien galten als Attribut des Fremden und Exotischen und als charakteristisch für die Neue Welt. Fürstenkinder, aber ebenso reiche Patrizier ließen sich mit den kostbaren Tieren porträtieren. Außer den farbenprächtigen Vögeln finden sich im 16. und 17. Jahrhundert immer wieder kleine Affen auf Porträts, meist Löwen-, Weißbüschel- oder Korallenäffchen, die als wertvolle Waren den Weg in die Menagerien der europäischen Höfe fanden.

Bald wurden die Tiere der Menagerien bildlich dargestellt, so zum Beispiel im berühmten *Bestiarium* von Rudolf II. (1552–1612). Heimische und exotische Tiere wurden dazu in situ oder nach Vorlagen gemalt. Unter den 180 Gouachen befindet sich auch ein Aquarell, das einen Helmkasuar zeigt. Im April 1595 war eine kleine Flotte von drei

Handelsschiffen – die *Mauritius*, die *Hollandia* und die *Amsterdam* – sowie der Jacht *Duyfken* unter der Leitung von Cornelis de Houtman und Gerrit van Beunigen von Texel in Holland ausgelaufen. Sie sollte im Auftrag einer »Kompanie«, einer Vereinigung holländischer Kaufleute, den östlichen Seeweg nach Asien zu den Gewürzinseln erkunden. Die Reise stand jedoch unter keinem guten Stern. Der schlechte Gesundheitszustand seiner Mannschaft zwang Houtman, fast sechs Monate Station auf Madagaskar zu machen. Hier starben viele Männer, und noch heute heißt eine Bucht auf Madagaskar »Holländerfriedhof«. Nach insgesamt 15 Monaten waren die Schiffe gerade einmal in Bantam (heute Banten) im Nordwesten Javas angekommen. Die Gewürzinseln erreichte Houtman nie, da er auf Druck der Mannschaft umkehren musste. Nur drei der vier Schiffe kehrten 1597 zum Heimathafen zurück; die *Amsterdam* hatte man wegen eines Lecks und mangels Besatzung – lediglich 87 der ursprünglich 240 Männer sollten die Fahrt überleben – unterwegs verbrannt. An Bord hatten sie eine kleine Sensation: einen jungen Helmkasuar. Von Amsterdam fand der Laufvogel über mehrere Stationen seinen Weg nach Prag in die Menagerie Rudolfs II.

Auf Wunsch Seiner Majestät

Größere Tiere gelangten vielfach als »bestellte Ware« in die fürstlichen Menagerien Europas. Die Gouverneure Frankreichs sandten auf eigene Initiative oder eben auf Bestellung des Hofes aus den Handelsniederlassungen in den Kolonien exotische Tiere nach Versailles, und hohe Mitarbeiter der Kolonialverwaltungen brachten welche bei ihrer Rückkehr ins Mutterland mit. Während der Regierungszeit Ludwigs XIV. galt für die 1664 gegründete französische Handelsgesellschaft Compagnie des Indes die ständige Order, exotische Tiere aus Übersee für die Versailler Menagerie zu liefern. 200 Jahre später, unter Karl X., waren die Konsuln im Nahen Osten sogar dazu ermächtigt, »von den Kapitänen und den Besitzern französischer Schiffe zu verlangen, dass sie seltene fremde Tiere für die königliche Menagerie an Bord zu nehmen haben«. Seeleute, die sich weigerten, wurden angeklagt und streng bestraft.

1680 und 1682 hatten holländische Kapitäne mit Unterstützung von Friedrich Wilhelm unter der Flagge des roten Adlers auf weißem Grund – der Flagge Brandenburgs – erste Erkundungsfahrten entlang der Küste Westafrikas unternommen. Auf Anweisung des Großen Kurfürsten sollten sie für ihn einige rare Affen, Papageien und andere Tiere erwerben. Außerdem wünschte er sich »ein halbes Dutzend schöner und wohlgestalteter Mohren von vierzehn, fünfzehn oder sechzehn Jahren«. Nach diesen Entdeckungsfahrten gelangten in der Tat neben jungen Löwen, Affen und Papageien auch einige »Mohren« an den kurfürstlichen Hof in Berlin.

1754 ließ Kaiser Franz Stefan I. eine Expedition nach »Westindien«, also zu den Karibischen Inseln, ausrüsten, um für sein Naturalienkabinett in Wien Muscheln, Edelsteine und andere ungewöhnliche Exponate sammeln zu lassen. Für die Bestände der kaiserlichen Gärten, insbesondere für Schönbrunn, wünschte er repräsentative wohlriechende Pflanzen und für seine Menagerie Vögel und »Quadrupedes« (Vierfüßer), jedoch keine Raubtiere, Affen und Papageien. Die Expedition wurde von dem in Leiden geborenen Nicolaus Joseph Jacquin geleitet, der in Wien damit beschäftigt war, ein Pflanzenverzeichnis des Schönbrunner Botanischen Gartens anzulegen. In der Literatur wird er oftmals als der »österreichische Linné« bezeichnet.

Am 9. Dezember 1754 begann die höchst abenteuerliche Reise. Von Triest aus, wo die Expeditionsteilnehmer vergeblich nach einem Schiff suchten, gelangten sie nach Livorno. Dort fanden sie zwar ein Schiff, doch das geriet schon wenige Stunden nach dem Auslaufen in einen schweren Sturm und verlor innerhalb kürzester Zeit alle Masten. Mithilfe eines anderen Schiffes reisten sie nach Toulon und von dort auf dem Landweg weiter nach Marseille. Am 2. April 1755 endlich stachen sie Richtung Martinique in See. Hier wütete das Gelbfieber, und innerhalb von acht Wochen verstarben 13 der 19 Europäer. Trotzdem konnte

Jacquin im Februar 1756 einen ersten Transport mit Pflanzen und Tieren nach Wien abschicken.

In den folgenden Monaten erkundete und sammelte er auf verschiedenen Inseln der Karibik und in Venezuela weiteres Material, das in mehreren Sendungen nach Wien ging. Er selbst schiffte sich im Januar 1758 in San Domingo nach Haiti ein. Bereits am zweiten Tag auf See wurde das Schiff von englischen Kriegsschiffen aufgebracht, und erst nach längeren Verhandlungen konnte es seine Fahrt fortsetzen. Kurz vor dem Ziel enterten Freibeuter unter holländischer Flagge den Segler und zwangen den Kapitän, zur Pirateninsel Gonave, einem unwirtlichen Eiland in der Nähe Haitis, zu segeln. Dort plünderten sie das Schiff, und Jacquin wurde fast seiner ganzen Habseligkeiten und seines sorgfältig geführten Reisejournals beraubt. Anschließend überließen die Seeräuber Schiff, Besatzung sowie Passagiere ihrem Schicksal. Unter großen Mühen schaffte es Jacquin mit seinen Leuten zurück nach San Domingo, von wo sie nach kurzem Aufenthalt Richtung Jamaika aufbrachen. Auch dieses Schiff wurde von Piraten geentert, erreichte dennoch Jamaika. Nach einigen Wochen Aufenthalt fand Jacquin endlich ein Schiff für die Weiterfahrt, stellte jedoch an Bord zu seinem Entsetzen fest, dass es sich um ein Sklavenschiff handelte. Die Reise musste er wie alle anderen Passagiere ungeschützt vor Wind und Wetter an Deck des Seglers verbringen.

In Cartagena, wo Jacquin Ende März 1758 an Land ging, um seine Sammeltätigkeit wieder aufzunehmen, erkrankte er. Erst im Oktober konnte er die Überfahrt nach Europa antreten. Doch eine Meuterei, bei der der Kapitän getötet wurde und das Schiff an einer der kleinen Inseln vor Kolumbien strandete, beendete diese Reise bereits nach kurzer Zeit. Glücklicherweise nahm ein anderer Segler die gestrandeten Passagiere auf und brachte sie nach Cartagena zurück. Von hier gelangte Jacquin nach Havanna, wo er erneut versuchte, eine Passage nach Europa zu bekommen. Viele Kapitäne weigerten sich, die lebenden Tiere – darunter ein zahmer Puma – zu transportieren, andere wiederum verlangten weit überhöhte Preise.

Am 4. Januar 1759 konnte Jacquin endlich seine Heimreise antreten. Ende Februar erreichte er ohne weitere Zwischenfälle den spanischen Hafen Ferrol. Von hier aus ging es über Land weiter nach Wien, wo Jacquin am 17. Juni 1759 eintraf. Er brachte verschiedene Vögel, mehrere Flughörnchen, einen Graufuchs sowie eine »westindische Beutelratze« (Opossum) mit, die jedoch bald verstarb. Über diese Rückreise berichtete 1784 der Sohn von Jacquin. Das Opossum war ein Weibchen gewesen, das mit sieben Jungen an Bord des Schiffes gebracht worden war. In einen zu kleinen Käfig gesperrt, fraßen sie sich gegenseitig die Schwänze ab und verstarben, obwohl sie »immer im Überfluss mit lebendigen Hühnern genährt« wurden. Auch ein zahmer Kondor überlebte die Reise nicht. Nachdem er den Affen eines Matrosen gefressen hatte, erschlug ihn dieser kurzerhand.

Dass der Transport exotischer, wilder Tiere vielen Schiffskapitänen nicht unbedingt gelegen kam, verwundert nicht. Besonders die großen Tiere – und die Unmengen an Nahrung, die sie benötigten – beanspruchten viel Platz. Um zwei Tiger auf ihrer Fahrt von der bengalischen Küste nach Lorient in der Bretagne zu ernähren, führte ein Schiff der Ostindien-Kompanie 1770 mehrere Hundert Schafe und riesige Mengen weiteres Futter mit sich. Billig waren solche Transporte natürlich nicht. Für ein Nashorn, das im gleichen Jahr für die königliche Menagerie in Versailles nach Frankreich gebracht wurde, musste Ludwig XV. mehr als 5300 Pfund bezahlen. Allein für die Reise über den Ozean fielen Kosten in Höhe von 1650 Pfund an. Im Vergleich: Ein Schiffskapitän erhielt um die 100 Pfund Unterhaltszahlung je Monat, den er an Land verbrachte. Aus dem Logbuch der *Duc de Praslin* erfahren wir einiges über die Überführung des Nashorns. Das Tier wurde in einem Käfig gehalten, dessen eiserne Streben so weit auseinanderstanden, dass eine Ziege durchschlüpfen konnte, um zwischen den Beinen des grauen Kolosses Heu zu fressen. Damit die Haut des Nashorns nicht durch Spritzwasser und Sonne austrocknete, wurde es täglich mit Fischöl eingerieben, sicherlich nicht zum Vergnügen der Matrosen, denn das Fischöl stank meist unangenehm. Als Schutz vor der Sonne befestigte man außerdem eine Segeltuchplane über dem Käfig.

Wie sein Vater sandte Joseph II. mehrere Expeditionen nach Übersee, die die verschiedensten Pflanzen und Tiere nach Wien bringen sollten. Franz Boos, ein Gärtner in Schönbrunn, und sein Gehilfe Johann Georg Scholl erhielten 1783 den Auftrag, Südafrika und die Maskarenen – eine Inselkette östlich von Madagaskar – zu erforschen und die »schönsten und merkwürdigsten Vögel ... und vierfüssigen Thiere, vor allem Zebras, Elefantenjunge, Flußpferde, Nashornkälber und Camelopardus und Gyrafen«, von dort mitzubringen. Schon die Hinreise auf der *Holland,* einem völlig überladenen Schiff der Ostindien-Kompanie mit 665 Soldaten und Matrosen an Bord, das am 24. Februar 1786 in Texel seine Anker lichtete, war wenig erfreulich. Windstille und Sturm wechselten sich ab, und zwei Wochen lang herrschte eine schier unerträgliche Hitze. Sie führte in Verbindung mit der drangvollen Enge an Bord zum Ausbruch einer Seuche, an der 40 Personen starben.

Nachdem Boos und Scholl im Mai die Tafelbucht bei Kapstadt erreicht hatten, begannen sie mit dem Sammeln von Pflanzen und Tieren. Im Februar 1787 segelte Boos weiter zu den Maskarenen, zur Île de France (dem heutigen Mauritius) und zur Île de Bourbon (La Réunion). Seine Rückfahrt führte ihn wieder nach Mauritius, wo er von der Ostindien-Kompanie ein Schiff für den Transport seiner Funde nach Triest charterte. Die *Pépinière* unter Kapitän Boudin brach am 1. Dezember 1787 Richtung Kapstadt auf. Unterwegs geriet sie in einen heftigen Sturm, bei dem mehrere Segel rissen und Wasser eindrang, doch Mannschaft, Passagiere und Ladung überstanden dies ohne größeren Schaden. Am Kap wurden weitere Sammelobjekte an Bord genommen, und Anfang Februar verließ Boos Afrika, während Scholl mit einem zweiten Transport nachkommen sollte. Die Rückreise verlief ohne besondere Hindernisse, und am 18. Juni ging das Schiff in Triest vor Anker. Die Sammlung – unter anderem ein Zebrapärchen, elf Affen und circa 250 verschiedene Vögel, diverse Pflanzen und Mineralien – wurde von hier aus über Land nach Wien gebracht.

Von Stadt zu Stadt

Im 17. Jahrhundert wurden einzelne zahme exotische Tiere – wie Affen und Kamele, gar ein Elefant und ein Nashorn – von Seemännern, die mit ihnen durchs Land zogen, einem staunenden Publikum vorgeführt. Der Elefant Hansken wurde von 1637 bis 1650 in ganz Europa präsentiert. 1741 bis 1758 erregte »Jungfer Clara«, ein Nashorn, enormes Aufsehen. Das Tier gehörte einem Kapitän der Ostindien-Kompanie, Douwe Janszoon Mout van der Meer. Bei seiner Abfahrt von Bengalen am 30. November 1740 war das Tier mit an Bord. Im März erreichte das Schiff das Kap der Guten Hoffnung, und am 20. Juli 1741 lief die *Knabenhoe* mit ihrer ungewöhnlichen Fracht in Goeree in Südholland ein. 17 Jahre lang wurde Clara von da an auf einem Pferdewagen durch die Lande gezogen und bei Jahrmärkten ebenso wie an fürstlichen Höfen in ganz Europa bestaunt. Bald gab es Holzschnitte und Drucke sowie Uhren und Münzen mit dem Konterfei des Tieres zu kaufen.

Während ihres Aufenthalts in Dresden im April 1747 zeichnete Johann Joachim Kaendler, der führende Porzellanmodelleur Europas jener Zeit, Clara. Nach diesen Vorlagen schuf er später an der Meißener Manufaktur seine berühmten Porzellanskulpturen des Nashorns. Clara ist es auch zu verdanken, dass das bis dahin fehlerhafte Bild eines Nashorns korrigiert wurde. Alle Darstellungen von Nashörnern, die vor Claras Schaureise entstanden, zeigen das Tier mit einem weiteren Horn auf dem Rücken. Verantwortlich dafür ist Albrecht Dürers Holzschnitt *Rhinocerus* aus dem Jahr 1515, von dem unzählige Drucke hergestellt wurden und der in ganz Europa bis ins 18. Jahrhundert hinein die Vorstellung vom Nashorn geprägt hatte.

Seit Ende des 17. Jahrhunderts wurden exotische Tiere aus aller Welt in öffentlichen Menagerien, insbesondere in Hafenstädten, zur Schau gestellt und verkauft. Eine der ersten dieser Menagerien war das Gasthaus Witte Olifant in Amsterdam, in dem ab 1681 eine Tierschau betrieben wurde. Der Blaauw Jan, ein anderes Wirtshaus mit Menagerie in Amsterdam, öffnete dem staunenden Publikum 1675 (andere Quellen sprechen von 1695) seine Pforten. Amsterdam war ein idealer Platz, denn hier gingen viele Schiffe der Niederländischen Ostindien-Kompanie vor Anker; und meist hatten sie seltene Tiere an Bord. Anfangs gab es im Blaauw Jan vor allem exotische Vögel zu sehen, doch der Tierbestand wurde schnell um Raubtiere, wie Löwen, Panther oder Tiger, und Paviane erweitert.

Ende des 18. Jahrhunderts nahm die Anzahl der vorgeführten Tiere ständig zu, da immer mehr exotische Arten Europa erreichten. Um die Mitte des 19. Jahrhunderts gab es in allen großen Überseehäfen Europas Händler, die diese Tiere den heimkehrenden Seeleuten abkauften und einen schwunghaften Handel mit ihnen betrieben, indem sie sie an stationäre oder Wandermenagerien verkauften.

Gottlieb Christian Kreutzberg, einer der bekanntesten Wanderschausteller jener Zeit, warb in den 1850er-Jahren damit, dass er mehr als 50 verschiedene Tierarten ausstelle, darunter große Raubtiere, Dickhäuter und Giraffen. Seine Menagerie geriet im August 1859 bei einer Überfahrt nach Wyborg auf der Ostsee in einen schweren Sturm. »Sämmtliche Thiere mit ihren vergitterten Kästen« soll man, so die *Gothaer Nachrichten,* über Bord geworfen haben. Einige Jahre später wurde diese Nachricht in den *Wöchentlichen Anzeigen für das Fürstenthum Ratzeburg* wieder aufgegriffen, jedoch rankte sich jetzt eine merkwürdige Geschichte um den damaligen Vorfall: »Vor nicht langer Zeit war die Menagerie Kreutzberg während eines heftigen Sturmes auf dem Meere, und der ganze Menageriekasten sollte mit seinem theuren Inhalte über Bord des Schiffes geworfen werden. Als die Reihe an seinen Behälter kam, sprach der riesige Orang-Utang plötzlich deutsch und schrie: ›Um Gotteswillen lasset mich raus; i bin der Sohn vom Kronenwirth in Mähringen und in Päris a Aff worda.‹ Diese Geistesgegenwart zu rechten Zeit rettete dem sonderbaren Affen das Leben.«

Zirkus auf dem Schiff

Neben den Wandermenagerien entwickelte sich in der zweiten Hälfte des 18. Jahrhunderts noch ein anderes Gewerbe, in dessen Mittelpunkt Tiere standen: der Zirkus. 1768 eröffnete Philip Astley in der Nähe von London eine Reitschule, in der Kunstreiter ihr Können darboten. Schon bald wurden diese Dressurvorführungen durch Auftritte von Akrobaten, Seiltänzern und Clowns ergänzt. 1773 errichtete Astley sein »Amphitheatre«, ein Gebäude mit einer Manege, deren Boden mit Sägespänen und Lehm bedeckt war, und einer Bühne. Auch auf dem Kontinent, zunächst in Frankreich, später in Deutschland und anderen Ländern, wurden solche Etablissements gegründet. Bald galten vor allem Raubtierdressuren als die hervorragenden Attraktionen.

In Amerika waren Zirkusse ab Anfang des 19. Jahrhunderts sehr beliebt, und es gab einige größere Unternehmen, die durch die Staaten tourten. Das geschah nicht nur mit Pferd und Wagen, sondern ab Mitte des Jahrhunderts auch auf regelrechten Zirkusschiffen, die die Großen Seen, den Ohio, den Mississippi und andere große Wasserstraßen befuhren. Das größte, die *Floating Circus Palace,* war mit seinen 60 Meter Länge doppelt so groß wie das St. James Theater in New Orleans, und das war 1851 immerhin das größte Gebäude der Stadt. Die *Floating Circus Palace* besaß zwei Decks, auf denen fast 3400 Besucher gleichzeitig die Vorstellung verfolgen konnten. Allein der erste Rang verfügte über 1000 Sitze, der Familienrang hatte mehr als 1500. Davon abgetrennt gab es an den Seiten 900 Plätze für »African Americans« (afrikanischstämmige Amerikaner) sowie Stehplätze. Auf dem Oberdeck standen die Käfige der großen Tiere, der Elefanten, Nashörner, Kamele und Pferde, während im Zwischendeck die Manege und die Raubtierkäfige untergebracht waren. Dieser schwimmende Zirkuspalast, ausgestattet mit eleganten Spiegeln, Samtbezügen, Vorhängen, dicken Teppichen und kunstvollen Holzschnitzereien und bei Dunkelheit von mehr als 200 Gaslampen hell erleuchtet, wurde von einem Schleppkahn, der *James Raymond,* gezogen, auf dem auch Unterhaltungsveranstaltungen, Tanz-

und Gesangsshows stattfanden. Karten für die Vorstellung konnte man bei reitenden Verkäufern erwerben, die in den Ortschaften in einem größeren Umkreis der nächsten Anlegestelle des Schiffes für den Besuch warben. Alle Mitarbeiter an Bord der Schiffe waren bewaffnet, da bei den Touren durch den Wilden Westen schon einmal die Messer aus den Stiefelschäften und die Pistolen unter der Jacke der Besucher hervorlugten. 1862 wurde die *Floating Circus Palace* im Sezessionskrieg von der konföderierten Armee der Nordstaaten beschlagnahmt und in ein Krankenhausschiff verwandelt.

Thomas Cooke's Royal Circus wagte 1836 als erster europäischer Zirkus den Sprung über den Großen Teich. Thomas Taplin Cooke war unter anderem Seiltänzer und Kunstreiter; bei seiner Nummer »Starker Mann« durften sich zehn Personen auf einem Brett auf seine Brust stellen. Er charterte das Segelschiff *Roger Stuart,* das am 8. September Greenock in Schottland verließ und sich auf die sechswöchige Reise nach New York machte. An Bord befanden sich mehr als 100 Artisten sowie Musiker, Stallburschen und andere Hilfskräfte sowie 42 Pferde und 14 Ponys. Sie alle erreichten wohlbehalten New York, wo sie monatelang vor einem ausverkauften Haus auftraten. Ein weit größeres Unternehmen war der Zirkus Barnum & Bailey – »The Greatest Show on Earth« –, der 1897 zu einer fünfjährigen Europatournee aufbrach; London war die erste Station. An Bord der *Massachusetts* befanden sich 22 Elefanten, elf Kamele, 136 Zirkuspferde, 240 Zugpferde für die Zirkuswagen, vier Tiger, je sechs Löwen und Zebras, 30 verschiedene Antilopen, einige wilde Bären, ein weiblicher Gorilla sowie unzählige kleinere und größere Vögel und andere Tiere. Leider wissen wir nur wenig über den Reiseverlauf, nur die Zahl der während der Fahrt verstorbenen Tiere ist überliefert: Daisy, eine Giraffe, starb wahrscheinlich nach einem Sturz bei schlechtem Wetter und rauer See; drei Zugpferde und zwei Esel verschieden ebenso wie der schwarze, 36 Jahre alte schwarze Hengst Eagle, der ein begnadeter Tänzer gewesen sein soll.

Zum »Weltreisenden unter den Circussen« entwickelte sich der Zirkus Carl Hagenbeck, der zeitweilig drei Ensembles auf die Reise schickte, die innerhalb Europas, in Südamerika, Japan, China, Indien und anderen fernen Ländern unterwegs waren. Den Anfang machte Carl Hagenbeck, als er dressierte Raubtiere zu den Weltausstellungen in Chicago 1893 und in St. Louis 1904 schickte und sie dort auftreten ließ. Sein jüngster Sohn Lorenz tat als Erster den Sprung nach Südamerika. Unter dem Namen »Exposición Carlos Hagenbeck« trat er 1910 in Buenos Aires bei der Landwirtschaftsausstellung anlässlich der Hundertjahrfeier der argentinischen Republik auf. Anschließend tourte der Zirkus durch Südamerika. Lorenz Hagenbeck reiste mit seiner Familie auf der *Cap Arcona,* einem 150 Meter langen Luxusdampfer, der 1907 in Dienst gestellt wurde. Sie war das schnellste Passagierschiff der Hamburg Süd auf der Schönwetterroute nach Südamerika. An Bord des »schwimmenden Palastes« gab es neben einer ausgezeichneten Musikkapelle zur Unterhaltung der Passagiere einen Turnsaal, eine reich bestückte Bibliothek und sogar eine Wäscherei. Der Zirkus selbst machte die Überfahrt auf der großen *Santa Elena,* auf deren Zwischendeck die Zirkuswagen, Zelte und Aufbauten sowie 150 Tiere – darunter Elefanten, Giraffen, Kamele, Pferde und Raubtiere – untergebracht wurden. Die großen Tiere erhielten zur Stütze spezielle Hängevorrichtungen, während die Boxen der anderen gepolstert wurden, um sie vor Verletzungen zu schützen. Damit Pferde und Elefanten jeden Tag bewegt werden konnten, gab es sogar eine Reitbahn an Bord. Um die 1600 Zentner Heu, Stroh, Hafer und anderes Grünfutter gehörten ebenso zum Proviant wie lebende Schafe und Pferde als Futter für die Raubtiere, da die *Santa Elena* keine Kühlvorrichtung besaß. Dieser erste Transport eines kompletten Zirkus nach Südamerika verlief offenbar ohne weitere Vorkommnisse, und nach vier Wochen erreichte die *Santa Elena* den La Plata.

Abenteuerlicher verlief 1924 die Reise des Zirkus Sarrasani nach Südamerika, über die Hans Stosch-Sarrasani in seiner Autobiografie *Durch die Welt im Zirkuszelt* berichtet. Um den Transport zu bewerkstelligen, waren zwei Dampfer notwendig. Auf der *Danzig* wurden die beiden Zelte für jeweils 6000 Zuschauer, ein Teil der 120 Zirkuswagen, Baracken, elektrische Geräte sowie das Zirkuspersonal einschließlich der Artisten und 500 Passagiere befördert. Für die 300 Artisten aus 16 Nationen begann sofort die Suche nach einem geeigneten Trainingsplatz. Sie mussten Tag für Tag ihre Nummern unter denselben Bedingungen wie bei den Vorstellungen üben. Für die Bodenakrobaten war dies kein Problem, denn überall fand sich an Deck ein Plätzchen, wo sie Salti oder Schrauben trainieren konnten, und auch die Jongleure fanden schnell einen Platz zum Üben. Die Luftakrobaten und Hochseilkünstler hingegen spannten unter den erstaunten Blicken der Seeleute ihre Seile, Trapeze und Netze einfach zwischen den Masten auf.

Die *Ludendorff* wurde zu einer regelrechten Arche Noah umgebaut: zehn Löwen, je zwölf Elefanten und Kamele, 100 Pferde, sechs Bären, Zebras, Stiere und ein Nilpferd – für sie alle musste ein geeignetes Plätzchen gefunden werden. Die Boxen der Pferde erhielten Hängegurte, um den Tieren bei schwerer See Halt zu geben, und für das Nilpferd Oedipus wurde sogar ein Becken mit stets gewärmtem Wasser eingebaut. Im Zwischendeck hatte man eine kleine Manege errichtet, um die täglichen Proben abhalten zu können. Beim Einladen der Tiere – sie wurden mit Kränen an Deck gehievt – gab es das ein oder andere Problem. Während sich die Pferde in Begleitung eines Mannes in Tragekästen an Bord heben ließen, sträubten sich die Kamele, die engen Kisten überhaupt zu betreten; sie ahnten offenbar, dass ihnen ein kurzer Flug bevorstand. Nur mit vereinten Kräften, mit Zerren, Stoßen und Ziehen gelang es der Zirkusmannschaft, die Tiere hineinzubugsieren. Große Schwierigkeiten bereiteten auch die Elefanten. Sie sollten zu Fuß quer durch Hamburg zum Hafen gebracht werden, doch vor dem Elbtunnel war Schluss. Die Dickhäuter, allen voran die Leitkuh Jenny, weigerten sich beharrlich, den Tunnel zu betreten. Da alles Zureden und Bitten nichts half, musste die ganze Prozession einen Umweg von fast 15 Kilometern über die Elbbrücken nehmen. Das Verladen auf das Schiff verlief ebenfalls nicht nach Plan. Jenny ließ sich die Tragegurte nicht anlegen, weshalb Sarrasani beim Hagenbeck'schen Tierpark in Stellingen eine Verladekiste ausborgen musste, die groß genug für einen Elefanten war. Erst damit konnten die Elefanten glücklich an Bord gebracht werden.

Der Großteil der Reise verlief, sieht man von einigen kleinen Begebenheiten ab, ohne größere Vorkommnisse. Als man an Madeira vorbeifuhr, musste Tilly Bebe, die Dompteuse, dem Löwen Nero einen Splitter aus der Tatze ziehen, da der Tierarzt sich weigerte – er hatte bisher nur mit Rennpferden zu tun gehabt. Das eine oder andere Tier musste wegen schlechter Verdauung oder eines Schnupfens behandelt werden. Doch dann geriet das Schiff kurz vor seiner Ankunft in Montevideo in einen schweren Sturm, und der Löwenkäfig auf dem Achterdeck wurde von einem Blitz getroffen. Dabei kamen zwei Löwen frei. Einen der beiden Ausreißer konnte Tilly Bebe schnell wieder einfangen, der andere geriet jedoch in den Elefantenstall. Hans Stosch-Sarrasani berichtet, dass es seinem Vater gelungen sei, die Elefanten zu beruhigen und auch den zweiten Löwen zurück in seinen Käfig zu bringen, sodass der Erste Offizier seine Waffe nicht gebrauchen musste.

Im Sommer 1927 trat Hagenbeck eine Tournee nach Südamerika an. Dieses Mal benötigte er für den Transport bereits drei Schiffe der Hamburg Süd. Die Hinfahrt verlief problemlos, aber bei der Rückfahrt geriet die *Paraná* in einen Orkan, den – so der Kapitän – die Kamele am besten überstanden hätten. 1933 ging es für Hagenbeck erneut auf große Fahrt, diesmal ins Land der aufgehenden Sonne: nach Japan. Für die über 22 000 Kilometer lange Fahrt wurde der HAPAG-Frachter *Saarland* in Hamburg eigens umgebaut. Außer Hongkong sollte aus finanziellen Gründen während der Fahrt kein weiterer Hafen angelaufen werden, weshalb an Bord Vorkehrungen für eine mehr als 50 Tage lange Schiffsreise getroffen werden mussten. Für die Artisten und die Angestellten wurden Toiletten und neue Kabinen eingebaut, die Tierquartiere in den unteren Decks erhielten Bullaugen und wurden mit ausrangierten Matratzen gepolstert, ein kleines Schwimmbecken für die Seelöwen angelegt, Kühl- und andere Vorratsräume ausgebaut. 22 000 Kilo Pferdefleisch und 1000 Zentner Hafer wollten verstaut sein. Die Affen und ihre Wärter trafen es am besten: Sie belegten die sonnigsten Kabinen, während die Kamele, Seelöwen und Flusspferde sich mit einer Deckpassage zufriedengeben mussten. Die beiden Giraffen erhielten einen Platz auf dem unteren Schiffsboden – ihre Köpfe erreichten dennoch die im zweiten Stock angebrachten Futterkrippen. Sie waren es, die nach der Ankunft im Land des Lächelns am meisten bestaunt wurden: die ersten Giraffen in Japan.

In Hakata wurde der Zirkus Opfer eines Taifuns, konnte jedoch mit einem Ersatzzelt seine Tournee fortsetzen. Von Japan aus ging es nach China, genauer: nach Schanghai, und als Nächstes den Ganges aufwärts nach Kalkutta und weiter nach Bombay. Die Rückreise führte den Zirkus auf dem Passagierdampfer *Kornak* über den Indischen Ozean, durch den Suezkanal nach Ägypten. Rudolf Matthies, der Raubtierdompteur, machte sich dabei immer wieder den Spaß, mit einem seiner Tiger, den er mit der Milchflasche großgezogen hatte und der ihm wie ein treuer Hund folgte, über das Promenadendeck zu schlendern. Shango, locker an einer Leine gehalten, hatte eines Tages nichts Besseres zu tun, als sich auf seine Hinterbeine zu stellen und, neugierig, wie Katzen nun mal sind, durch ein Bullauge in eine Kabine zu schauen, in der die dort versammelte gut gelaunte Gesellschaft sofort verstummte.

Mit Ausbruch des Zweiten Weltkriegs endete die Reisetätigkeit der großen europäischen Zirkusse nach Übersee. Nach Ende des Krieges verzichteten die meisten Zirkusse auf weite Reisen über den Ozean: Strengere Quarantänebestimmungen, Einfuhrverbote aufgrund von Tierseuchen sowie Kritik und Proteste von Tierschützern, aber auch die enormen Kosten, die solche Fahrten verursachten, waren dafür verantwortlich.

Tierhandel en détail – Tierhandel en gros

Schöne Affen, wenn Durchlaucht schaffen,
Papageien hätt ich da,
aus Indien und Afrika.

Richard Strauss, Der Rosenkavalier

Die Zeit der Handelsreisen

Zu Beginn der europäischen Expansion nach Übersee waren Portugal und Spanien führend, doch zu Anfang des 17. Jahrhunderts griffen Niederländer und Engländer verstärkt in den Handel ein. Große Kapitalgesellschaften wie die englische East India Company (EIC) und die niederländische Verenigde Oost-Indische Compagnie (VOC) rissen seit 1600 beziehungsweise 1602 einen großen Teil des Handels an sich und entwickelten sich zu den wichtigsten Transportunternehmen zwischen Europa und Asien. Neben diesen beiden mächtigsten Kompanien wurden im Lauf des 17. Jahrhunderts einige kleinere und weniger bedeutende Ostindien-Gesellschaften gegründet. Nicht nur in Asien, sondern ebenso in der Neuen Welt, insbesondere in der Karibik, erweiterten England, die Niederlande sowie auch Frankreich ihren Einfluss. Aus Barbados, einigen Inseln der Kleinen Antillen sowie Jamaika wurden englische Kolonien. Während Frankreich Martinique, Guadeloupe und Grenada beanspruchte, setzten sich die Niederländer auf Surinam und den Niederländischen Antillen fest. Jahr für Jahr liefen Handelsschiffe der Gesellschaften aus und kehrten voll beladen mit den begehrten Waren Indiens, der südasiatischen Inselwelt und der Karibik sowie den Edelmetallen Amerikas zu den großen Seehäfen in Europa zurück.

Allein für die VOC lichteten zwischen 1602 und 1795 knapp über 4700 Schiffe ihre Anker, um nach Asien – meist nach Batavia (dem heutigen Jakarta) auf Java – auszulaufen, wovon rund 3300 nach Texel zurückkehrten. Im November oder Dezember machten sich die Schiffe auf ihre 15 000 Seemeilen lange Reise, die meist zwischen acht und neun Monate dauerte. Die Schiffe der VOC waren im Durchschnitt 40 bis 50 Meter lang und hatten eine Traglast von bis zu 1200 Tonnen. Die Masten konnten eine Höhe von bis zu 70 Metern erreichen. Schon im 16. Jahrhundert gelangten Baumstämme aus dem Schwarzwald oder den fränkischen Wäldern über Rhein und Main als »Holländer« in die Werften der Niederlande. Auf dem Rhein trieben Holländerflöße von bis zu 27 Meter Breite und 360 Meter Länge, die aus fünf bis sieben Lagen aufgeschichteter Stämme bestanden.

Die großen ostindischen Retourschiffe wurden für den Handel zwischen Europa und Asien verwendet, während kleinere Schiffe für den Handel im Fernen Osten eingesetzt wurden. Bei der Hinreise hatten die Schiffe durchschnittlich 200 Mann Besatzung, während die Rückfahrt, um den Schiffsraum optimal für die wertvolle Ladung zu nutzen, mit weit weniger Seeleuten bestritten wurde. Die Schiffe der VOC galten im 17. Jahrhundert als der europäischen Konkurrenz überlegen, da sie besonders zuverlässig und belastbar, wendig und gut zu manövrieren waren. In den Niederlanden hatte sich auf der Basis windgetriebener Sägemühlen eine eigene Sägeindustrie entwickelt, und schon im 16. Jahrhundert wurden Planken und Deckbalken nicht mehr von Hand gesägt. Der Bau eines Schiffes beanspruchte hier nur vier Monate, während in England mit einer Bauzeit von einem Jahr gerechnet werden musste.

Zwar stieg, wie bereits erwähnt, im Zuge der europäischen Expansion und der steigenden Anzahl von Handelsreisen die Zahl der Tiere, die nach Europa gebracht wurden, doch machte deren Transport lediglich einen geringen Teil des Handelsvolumens der Gesellschaften aus.

Exotische Vögel als Haustiere

Bis ins 18. Jahrhundert zählten exotische Vögel – neben Affen – zur wichtigsten »lebenden Ware« aus Übersee. Sie wurden mittlerweile auch in gut situierten bürgerlichen Haushalten als Haustiere gehalten. Schiffsoffiziere, Matrosen und Soldaten nahmen sie in der Hoffnung mit nach Europa, sie gewinnbringend verkaufen zu können. Während der ersten französischen Weltumsegelung 1766 bis 1769 unter der Leitung von Louis-Antoine de Bougainville sollen bei einem Tauschhandel 400 Vögel an Bord eines der Schiffe gelangt sein. Mit ihren Kanus paddelten die Einheimischen im heutigen Malaysia und Indonesien zu den französischen Schiffen, um Nahrungsmittel und Vögel anzubieten: Für einen Papagei oder einen Kakadu gab es ein rotes Taschentuch. Das war ein lohnender Tausch für die Seeleute, denn ein Papagei brachte in der Heimat das Vielfache ihrer monatlichen Heuer, die bei einfachen Matrosen auf den Schiffen Bougainvilles bei zwölf bis zwanzig Livre im Monat lag. In den *Affiches de Paris,* die zwischen 1745 und 1778 alle zwei Wochen, danach sogar täglich erschienen, finden sich ab den 1770er-Jahren unter der Rubrik »Zu verkaufen« auch Anzeigen für exotische Vögel. Ein junger Amazonaspapagei, der gerade anfing zu sprechen, wurde für 48 Livre angeboten, während für einen hübschen Sittich, der schon gut sprechen konnte, stolze 960 verlangt wurden.

Wie die Seeleute diese wertvollen Tiere unterbrachten und versorgten, ist leider nicht bekannt. Sie selbst waren in den Zwischendecks oder den vorderen Aufbauten untergebracht, und dort stand ihnen meist nicht viel mehr Platz zur Verfügung als der, den ihre Hängematte beanspruchte. Diesen spärlichen Raum mussten sie mit den Tieren teilen, denn an Deck, eingesperrt in kleine Käfige und jeder Witterung ausgesetzt, hätten sicherlich nicht viele Vögel überlebt. Eine Gefahr waren auch die allgegenwärtigen Ratten, die viele der kleineren Vögel töteten. Der Holländer William Bosman schrieb in seinem 1705 erschienenen Buch *A New and Accurate Description of the Coast of Guinea,* dass man so oft wie möglich Hunderte der kleinen Sittiche von der Goldküste nach Holland verschickte, da sie dort einen guten Verdienst einbrachten, doch von je hundert Vögeln meist nur zehn die Fahrt überlebten.

Frankreich importierte Vögel und andere Tiere meist als Beifracht an Bord der Sklavenschiffe aus Afrika und der Karibik. Während die Schiffe an der afrikanischen Küste auf ihre Fracht, die Sklaven, warteten, trieben die Seeleute mit den Einheimischen einen schwunghaften Handel. Sie boten Werkzeug und alte Kleidung gegen Vögel und Affen. Jean Barbot, ein Handelsagent aus La Rochelle, porträtierte in seinen Reiseerinnerungen aus den 1690er-Jahren den Handel und die Schwierigkeiten, die Tiere lebend nach Frankreich zu bringen. Bei einer Reise starben alle fünfzig Papageien, die er erworben hatte; auf einer anderen überlebte nur einer von zwanzig den Transport. Eigentlich kein Wunder, denn viele der Tiere überquerten den Ozean zweimal: zuerst mit den Sklaven Richtung Antillen und von dort aus nach Europa. Besonders problematisch, so Barbot, war das Abfeuern der Kanonen, bei dem die Vögel in ihren Käfigen tot umfielen.

Wenn der Proviant zu Ende ging, landeten manche Tiere im Kochtopf. Nur die Häute und Knochen (manchmal als komplette Skelette) erreichten dann Europa und landeten als Merkwürdigkeiten in den Wunder- und Naturalienkammern betuchter Sammler und Gelehrter. Jean de Léry, ein Genfer Calvinist, beschrieb in seinen 1578 erschienenen Reiseerinnerungen seine Rückfahrt aus der Bucht von Rio de Janeiro nach Frankreich im Jahr 1558. Nachdem an Bord der *Le Jacques* keinerlei Proviant mehr aufzutreiben war, fegte die Besatzung in der Vorratskammer die letzten Brotkrümel sowie Moder und Rattenkot zusammen und bereitete einen Brei daraus, »der so schwarz und bitter wie Russ war«. Manche, so de Léry, »besaßen noch Affen und Papageien, wohingegen andere die ihren schon längst verspeist hatten. Um ihnen eine Sprache beizubringen, die sie noch nicht kannten, beförderten sie die Tiere in das Kabinett ihrer Erinnerung, indem sie sie aufaßen.« Diejenigen, die ihren Vögeln ein paar Worte beigebracht hatten, zögerten offenbar am längsten.

Nicht nur der Hunger der Seeleute bedrohte das Leben der Tiere, auch Stürme, Feuer, Schiffbruch und nicht zuletzt Überfälle durch Piraten forderten ihre Opfer. Als besonders gefährlich galten die Orkane östlich des Kaps der Guten Hoffnung im Indischen Ozean.

Wie viele Tiere seit dem 16. Jahrhundert Europa lebend erreichten, bleibt ungewiss. Es müssen jedoch ungeheuer viele gewesen sein – und noch weit mehr, die unterwegs verendeten. Die große Beliebtheit der Tiere blieb nicht ohne Folgen für ihre Heimat: Bereits in den 1750er-Jahren waren Papageien aufgrund des starken Fanges auf Martinique verschwunden, und von den Antillen wird berichtet, dass ihre Anzahl stark gesunken sei. Ganz anders in den Hafenstädten Europas. Baron de Wimpffen notierte Ende des 18. Jahrhunderts in seinem Reisetagebuch, Le Havre bestehe eigentlich nur aus einer Straße. Diese sei so laut, dass man, obwohl man den Ozean nicht sehe, gleich wisse, dass man am Hafen sei. Legionen von Papageien in allen Größen und Farben von überall auf der Welt hingen, so de Wimpffen, in Türen, Fenstern, Geschäften und Fluren und sprächen, sängen, pfiffen und schrien. In anderen Häfen, in denen die Schiffe der Handelsgesellschaften anlegten, dürfte es ähnlich ausgesehen haben.

Bei den frühchristlichen Theologen galten Papageien aufgrund ihrer Sprechbegabung als Symbol des Logos, des göttlichen Wortes. Im späten Mittelalter, im 15. Jahrhundert, wurde das Tier, weil sein natürlicher Ruf als »Ave« gedeutet wurde, zu einem geläufigen Mariensymbol. »Ave«, die Begrüßungsformel für Maria, ist die sprachliche Umkehrung von Eva und bedeutet in Analogie dazu die unbefleckte Empfängnis: die Umkehrung des Sündenfalls. Konrad von Würzburg behauptete, dass das Gefieder des Papageis weder vom Tau noch vom Regen nass werde, und interpretierte dies als Symbol der jungfräulichen Empfängnis. Der Papagei wird aber auch als Sinnbild für Klugheit und Gelehrigkeit sowie als Symbol der Liebe gedeutet. Nach der Entdeckung der Neuen Welt avancierte er zum Symbol dieser Welt.

Wir verbinden Papageien mit Piraten: Der Pirat hat ein Holzbein, trägt eine schwarze Augenklappe, und auf seiner Schulter sitzt ein Papagei, der unflätige Sprüche vor sich hin plappert. Was führte zu diesem erstaunlichen Wandel in der Symbolik? David Cordingly, ein englischer Historiker und Experte für die Geschichte der Seefahrt, führt dies auf den Roman *Die Schatzinsel* von Robert Louis Stevenson zurück, der 1833 erstmals erschien. Long John Silver, der einbeinige Koch mit seinem 200 Jahre alten Papagei Captain Flint, der in einem Käfig in der Kombüse der *Hispaniola* lebt, beeinflusste und prägte unsere Vorstellung von Piraten bis heute. In keinem der später entstandenen Abenteuerromane und Hollywoodfilme, die im Piratenmilieu spielen – bis hin zu *Fluch der Karibik* –, durften deshalb diese Attribute fehlen. Schon kleine Kinder kennen Rosalinde, die Papageiendame von Kapitän Efraim Langstrumpf, dem Vater von Pipi Langstrumpf und König von Taka-Tuka-Land. Rosalinde beschimpft ihn immer als »dicken Kürbis«. Auch das Piratenschiff in der Lego-Welt hat seinen Papagei. Nahezu in jedem Freizeitpark bis hin zu den Walt-Disney-Parks gibt es als Attraktion szenisch nachgespielte Seeräuberattacken, in denen meist ein sprechender Papagei einen großen Auftritt hat.

Die Blütezeit der Piraterie erstreckte sich vom 16. bis ins 18. Jahrhundert. Seeräuber der verschiedensten Nationen überfielen Handelsschiffe auf ihrem Weg von Amerika oder Asien nach Europa und machten die Karibik unsicher. In diesem Zeitraum blühte der Handel mit exotischen Vögeln, und man konnte an Land für einen sprechenden Papagei einen guten Preis erzielen. Warum sollten sich gerade die Seeräuber ein solch lukratives Geschäft entgehen lassen? Außerdem waren die Vögel an Bord eines Schiffes leichter zu halten als andere exotische Tiere, und aufgrund ihres Sprechtalents waren sie ein geselliger Zeitvertreib auf den monatelangen Fahrten. William Dampier (1652–1715), einer der bekanntesten englischen Seeräuber, aber auch ein anerkannter Entdecker und Forscher, beschreibt in seinem Reisebericht *A New Voyage Round the World* einen Aufenthalt in der Nähe von Veracruz. Die Papageien seien dort »gelb und rot, sehr grob gesprenkelt«. Es gäbe kaum einen Mann, »der sich nicht einen oder zwei an Bord geholt« habe.

Neben Papageien waren vor allem große Vögel wie Kraniche, Reiher, Strauße, Pelikane und Kormorane sowie die selteneren Dronten, Pinguine und Kondore begehrt. Zahlenmäßig überlegen waren ihnen jedoch die Kanarienvögel. Sie waren bis Anfang des 18. Jahrhunderts die am häufigsten nach Europa importierte exotische Spezies. Mit ihnen begann der Tierhandel »en gros«.

Wann genau die ersten Kanarienvögel – besser gesagt, Kanarengirlitze – von den atlantischen Inseln, den Kanaren und den Azoren, nach Europa gebracht wurden, ist nicht überliefert, doch spätestens nach der Eroberung der Kanarischen Inseln durch die Spanier am Ende des 15. Jahrhunderts sollen die kleinen grau-grünen Vögel nach Spanien gelangt sein, wo sie dann von Mönchen gezüchtet wurden. In der Folge entwickelte sich ein lebhafter Handel mit den »Zuckervögelchen«, wie sie auch genannt wurden. Die Spanier sollen streng darauf geachtet haben, dass nur männliche Tiere exportiert wurden, um damit ein Monopol auf diesen Handel zu erhalten. Doch portugiesische Händler waren ebenfalls an diesem Geschäft beteiligt. 1618 brachte ein Portugiese 1200 Kanarienvögel von den Inseln nach Saint-Malo, die er in Nantes, Reims und Paris verkaufte. Im 17. Jahrhundert wurden sowohl in Deutschland, in der Schweiz als auch in Tirol Kanarienvögel gezüchtet. Angeblich soll ein spanisches Segelschiff mit einer großen Anzahl dieser Vögel an Bord 1622 auf seiner Fahrt nach Livorno während eines schweren Sturms in der Nähe der Insel Elba Schiffbruch erlitten haben. Die Vögel gelangten an Land, und Johann Beckmann vermerkte dazu 1784 in seinen *Beiträgen zur Geschichte der Erfindungen:* »... vermutlich haben die Canarien-Vögel, die wohl alle männlichen Geschlechts gewesen sind, es auf Elba so gemacht, wie die Europäischen Matrosen in Indien. Vermutlich haben sie mit den einheimischen Vögeln Mulatten erzeugt.« Auch in die Literatur hat die Geschichte Einzug gehalten. Carl Spindler schreibt in seinem Roman *Der Vogelhändler von Imst* (1842): »Während des Schreckens dieses Unfalls waren die Bauer aufgegangen und die goldgelben Sänger, als hätten sie's verabredet gehabt, flogen allesamt westlich und ließen sich als freie Ansiedler auf der Insel Elba nieder.« Aus genetischer Sicht ist die Geschichte der Paarung mit einheimischen Vogelarten nicht glaubwürdig. Wahrscheinlich befanden sich unter den Männchen, die nach Europa gebracht wurden, einige Weibchen, denn selbst heutige Züchter haben ihre Probleme mit der Geschlechtsbestimmung der Vögel.

Noch zu Beginn des 18. Jahrhunderts waren Kanarengirlitze aufgrund des hohen Preises dem Adel und dem betuchten Bürgertum vorbehalten. Ein Liebhaber der kleinen Singvögel zahlte 1705 in Paris 500 Livre für ein Pärchen mit drei Jungen. Ein gewöhnlicher grauer kostete drei Livre, während ein zitronengelber mit schwarzer Haube dem Händler 25 Livre einbrachte. Nicht gerade wenig, wenn man bedenkt, dass der durchschnittliche Lohn eines Land- oder eines Hilfsarbeiters um 1700 bei 90 Livre im Jahr lag.

Die Ausbreitung der Kanarienzucht Mitte bis Ende des 18. Jahrhunderts, besonders bei Arbeitern und Bergleuten, die ihren Lohn mit diesem Nebenverdienst aufbesserten, führte dazu, dass die kleinen Sänger billiger zu haben waren und zum beliebtesten Haustier in Europa avancierten. In Deutschland entwickelte sich besonders der Harz zu einer Hochburg der Kanarienzucht. Von hier aus gelangten die Tiere bis nach England, Russland und in die Türkei. Sankt Petersburg war im ersten Drittel des 19. Jahrhunderts ein bevorzugtes Absatzgebiet für Kanarien- und Singvögel aus Mitteleuropa. Die Händler kauften die Vögel bei Züchtern im Harz auf und brachten sie zu Sammelstellen. Hier wurden die Tiere durch Sachverständige sortiert und für ihre Reise zusammengestellt. Ungefähr je tausend wurden in einem Gestell, dem Reff, das 160 bis 170 kleine Vogelbauer enthielt und ungefähr einen Zentner wog, zu Fuß nach Hamburg oder Lübeck transportiert. Die Reise an die Küste dauerte in der Regel zwölf Tage. Von den Seehäfen aus ging die Fahrt mit einem Segelschiff weiter.

1842 erfolgte der Sprung über den Großen Teich nach Amerika: New York war das Ziel. Karl Reiche, ein Vogelhändler aus Grünenplan, einem kleinen Ort zwischen Weser und Leine, brach als Erster mit etwa tausend Kanarien- und anderen Singvögeln zu dieser weiten Reise auf.

In Amerika war es für ihn anfangs nicht leicht, Käufer zu finden, doch schließlich gelang mit gezielter Werbung der Verkauf der Tiere. In den folgenden Jahren expandierte das Unternehmen, und 1847 gründete Reiche in New York die Firma Charles Reiche & Brother, deren Leitung einige Jahre später sein jüngerer Bruder Heinrich übernahm. Zehn Jahre nach der ersten Fahrt nach New York waren allein durch die Brüder Reiche 10 000 Kanarengirlitze von Europa nach Amerika gebracht worden. Mit dem Übergang vom Segel- zum Dampfschiff verkürzte sich die Reisezeit enorm. Mitte des 19. Jahrhunderts benötigten die Segelschiffe von Europa nach New York noch etwa zwei Monate, 1880 dauerte die Hin- *und* Rückfahrt kaum länger als einen Monat. Ab 1855 gab es zudem eine regelmäßige Verbindung nach New York. Darüber hinaus wurden die Tiere jetzt mit der Eisenbahn und nicht mehr zu Fuß an die Küste gebracht. Die kürzere Reisezeit verbilligte den Transport der Tiere erheblich, und dadurch sank ihr Preis. Das erste transatlantische Telegrafenkabel, das 1858 verlegt wurde, beschleunigte außerdem die Kommunikation: Nun konnten die Vogelhändler schneller auf die Nachfrage aus Übersee reagieren. 1869 wurden bereits 26 000 männliche Kanarienvögel von den Gebrüdern Reiche sowie ungefähr 16 000 Vögel von konkurrierenden Händlern nach Nordamerika gebracht. 1881 exportierte Reiche schon 67 000. Kurz nach der Jahrhundertwende gelangten nach Angaben des U.S. Department of Agriculture circa 275 000 Kanarengirlitze aus Europa nach Amerika.

Deutsche Kanarienvögel wurden jedoch nicht nur nach Nordamerika verschickt, sondern auch nach Südamerika, Indien und Australien. Aus Australien, mit dem ebenfalls ein regelmäßiger Linienverkehr bestand, brachten die Schiffe im Gegenzug dort heimische Vögel und Beuteltiere nach Europa. Am beliebtesten waren die »australischen Papageien«, die Wellensittiche. Das Ausmaß ihres Exportes war so groß, dass die australische Regierung sich 1896 veranlasst sah, ein Ausfuhrverbot für Wellensittiche zu verhängen.

Auf dem Schiff waren die Tiere meist auf dem Oberdeck verstaut, manchmal auch im Zwischendeck oder gar im Kohlenbunker. Henry

Oldys beschrieb 1906 einen solchen Transport ausführlich. Demnach waren die Kanarienvögel meist einzeln in kleinen Käfigen untergebracht, von denen immer elf über-, sieben neben- und drei eng hintereinanderstanden. Derart gestapelt, bildeten die Gehäuse praktisch eine große Kiste, die mit Sackleinen abgedeckt wurde. Jeden Tag musste die Abdeckung entfernt, jeder Käfig gesäubert und frisches Futter und Wasser eingefüllt werden. Außerdem wurden die kleinen Bauer immer neu arrangiert, um bessere oder schlechtere Positionen auszugleichen. Bis zu zwei Dutzend dieser großen Kisten, also mehr als 2700 Vögel, wurden auf einmal transportiert.

Trotz eines möglichen Verlusts der Tiere während der Fahrt war das Geschäft sehr einträglich. In den 1860er-Jahren verlangte Charles Reiche zwischen zwei und zehn Dollar für einen Kanarienvogel, ein brütendes Paar brachte ihm 15 Dollar ein. Ein Zimmermann verdiente zu jener Zeit zwei bis drei Dollar pro Tag. Bis zur Jahrhundertwende sank der Preis auf ein bis zwei Dollar pro Tier, weshalb sich immer mehr Familien einen solchen gefiederten Hausgenossen leisten konnten. Nach Ende des Ersten Weltkriegs stieg der Import von Kanarengirlitzen in Amerika auf über 550 000 im Jahr 1930. Jetzt transportierten die großen Passagierdampfer wie die *Europa* oder die *Bremen* in eigens dafür eingerichteten Spezialräumen 10 000 bis 20 000 Vögel auf jeder Reise nach Westen.

Neben Karl Reiche war Ludwig Ruhe der bedeutendste Exporteur von Kanarienvögeln. Er stammte ebenfalls aus Grünenplan, begann sein Geschäft jedoch erst einige Jahre später. In den ersten Jahren seiner Tätigkeit exportierte er die Vögel nach Chile und Peru, und erst nach 1867 zählte Nordamerika zum Hauptabsatzgebiet seiner Kanarien- und anderer Singvögel. Der Vogelhandel nach Übersee blieb jedoch nicht der einzige Geschäftszweig der Unternehmer aus dem Harz. Bald schon brachten sie auf dem Rückweg nordamerikanische Wildvögel und tropische Vögel aus Südamerika nach Europa. Diesen folgten die ersten exotischen Wildtiere, die von den neu gegründeten zoologischen Gärten erworben wurden. So kam der erste australische Ameisenigel 1887/88 nach Deutschland, den der Berliner Zoologische Garten für 500 Reichsmark von Reiche erwarb. Die Firma Reiche verlagerte ihren Geschäftsschwerpunkt immer mehr und schließlich ganz auf exotische Wildtiere, während Ruhe weiterhin im Vogelhandel tätig blieb. 1910 verkaufte Reiche sein Unternehmen an die Firma Ruhe, die bis in die 1970er-Jahre einer der größten deutschen Tierhändler blieb.

Wilde Tiere frei Haus

Mit der Gründung von Tiergärten, die man seit den 1830er-Jahren auch zoologische Gärten nannte, wuchs der Abnehmerkreis für teure, exotische Tiere beträchtlich, und der Handel erweiterte sich enorm. 1828 gründete die Zoological Society den Londoner Zoo, Amsterdam folgte zehn Jahre später, und 1844 zog Berlin nach. Bis zur Jahrhundertwende etablierten sich schließlich Zoos in den Hauptstädten und großen Städten der Industrieregionen in ganz Europa: Mit Moskau und Wien (1863), Köln (1869), Budapest (1865), Lissabon (1883) und Barcelona (1892) sind nur die wichtigsten genannt. Große Zirkusse wie Barnum & Bailey, Forepaugh, Ringling Brothers, Wilhelm Althoff, Carl Krone oder Oskar Carré kamen als Ankäufer exotischer Tiere hinzu. Die Käufer waren nun nicht mehr auf zufällige Lieferungen einzelner Schiffsoffiziere und Kaufleute angewiesen, da die Geschäfte zunehmend von Handelsmenagerien abgewickelt wurden, aus denen schließlich Tierhandelsunternehmen hervorgingen. Diese importierten gezielt und betrieben einen professionellen Tierhandel. Meist erwarben sie die »Ware« in den Kolonien ihrer jeweiligen Heimatstaaten. Dadurch gingen die Preise für die meisten Tiere deutlich zurück. Der Zoologe Martin Hinrich Lichtenstein berichtete 1832 aus London, dass alle Affen des Londoner Zoos gestorben seien, »ein solcher Verlust wird indess wenig geachtet, da die Schifffahrt im nächsten Frühjahr von allen warmen Erdgegenden diese Thiere heranbringt, dass sie mit geringen Kosten wieder angekauft werden können«.

Die früheren Vogelhändler Reiche und Ruhe gehörten neben der Handelsmenagerie Hagenbeck zu den Ersten in Deutschland, die Tiere auch auf Bestellung beschafften und diesen neuen Markt belieferten. Die Handelsfirmen bauten in Übersee ein weites Netz aus Mitarbeitern – von Tierfängern bis Zulieferern – auf: Die Tiere wurden entweder von Tierhandelsreisenden auf den lokalen Märkten in Übersee aufgekauft, von anderen Händlern erworben oder bei eigenen Expeditionen gefangen, wobei sich der Sudan zum beliebtesten Fanggebiet entwickelte. Allein Carl Hagenbeck's Handels Menagerie in Hamburg lieferte zwischen 1866 und 1886 mehr als 2000 Leoparden, Löwen und Tiger, 300 Elefanten, 70 Nashörner aus Indien, Java und Sumatra sowie neun aus Afrika, des Weiteren 10 000 Affen und weit über 100 000 Vögel. Aus der Antarktis brachten Tierfänger Pinguine, Weddellrobben und Seeleoparden zu Hagenbeck. Carl Hagenbeck selbst reiste oft nach London, um seltene und unbekannte Tiere zu erstehen. 1864 erwarb er dort einen Ameisenbären aus Argentinien, von dem er in seinem Buch *Von Tieren und Menschen* berichtet. Bei stürmischem Wetter auf der Überfahrt von London nach Hamburg musste Hagenbeck sich seekrank in seine Koje legen und bat deshalb den Schiffszimmermann, seine Tiere zu verpflegen. Dieser kam wenig später schreckensbleich zu Hagenbeck und erzählte, »dem Ameisenbären sei soeben eine lange dünne Schlange aus dem Hals gekrochen!«. Hagenbeck ging nun doch unter Deck, weil er das Wunder sehen wollte. Die Schlange war natürlich nichts anderes als die lange Zunge des Ameisenbären, mit der er nun den Eierbrei aufleckte, den der Zimmermann in seiner Angst hatte fallen lassen.

Je nach Route, Jahreszeit und Wetter standen die Transportkisten oder Käfige mehr oder weniger gut geschützt auf dem Ober- oder im Zwischendeck. Das Ein- und Ausladen der Tiere war, wie schon weiter oben erwähnt, mitunter problematisch. Kleinere Tiere konnten in ihren Käfigen an Bord getragen werden; anders sah es bei großen, schweren aus. Carl Hagenbeck hat dieses Schauspiel in seinem Buch beschrieben: »Die schwierigste und gefährlichste Arbeit blieb natürlich wieder die Übernahme der Tiere. Giraffen, Elefanten, Büffel, Antilopen, Raubtierkisten: alles wurde in Gurte geschlagen und mit dem Dampfkran an Bord des für Triest bestimmten Dampfers ›Uranos‹ verladen. Man wird es mir ohne weiteres glauben, daß es ein ängstliches Gefühl in mir auslöste, wenn ich die Tiere zwischen Himmel und Erde schweben sah. Schwieriger als das Einschlagen in die Schlingen war das Auslösen. Die Giraffen z. B. mußten dabei auf die Seite gelegt werden. Anders ließen sich die Stricke nicht lösen, und so schnell es auch geschah, es blieb doch nicht aus, daß man von diesen langbeinigen Geschöpfen mit gefährlichen Tritten tödlich gefährdet wurde.«

Dieser Tiertransport von 1870 soll der größte gewesen sein, der bis zu jenem Zeitpunkt Europa erreichte. Er bestand – so Hagenbeck – aus »1 Rhinozeros, 5 Elefanten, 14 Giraffen, 12 Antilopen und Gazellen, 4 nubischen Büffeln, 60 Raubtieren und 16 erwachsenen Straußen, von denen ein weibliches Exemplar von so außerordentlicher Größe war, wie ich seitdem keines wieder gesehen habe. [...] Der Transport wurde vervollständigt durch 20 große Kästen mit Warzenschweinen, Erdferkeln, Affen und Vögeln aller Art sowie 72 nubischen Milchziegen, eine wandelnde Molkerei, die uns Milch für unsere Jungtiere lieferte. Als die Tiere ausgeladen wurden, standen Tausende von Menschen an den Kais, um das seltene Schauspiel mit anzusehen. Jedesmal, wenn ein Elefant oder eine Giraffe sich zappelnd in der Kranschlinge zum Ufer schwang, erhob sich ein Gebrause von Stimmen. Dieser Volksauflauf war aber noch nichts gegen das Gedränge der Zuschauer, als wir mit unserer afrikanischen Karawane im langen Zuge vom Hafen zum Bahnhof marschierten. Eine eigene Polizeimannschaft mußte uns einen Weg durch die sich stauenden Menschenmassen bahnen, und es ist mir heute noch ein Rätsel, daß sich dabei keine Unglücksfälle ereigneten.«

Doch auch weiterhin kauften die Tierhändler Tiere von Seefahrern, die aus Übersee kamen. Kapitän Johannes Hubert beschreibt in *Seemannsschicksale* den Ein- und Verkauf auf der Fahrt von Schanghai über Singapur nach Hamburg 1889. Beim Zwischenstopp in Singapur deckte sich jedes Besatzungsmitglied mit exotischen Tieren ein: »Der Kapitän hatte sich auf Schleierschwänze spezialisiert. Da musste auf Deck erst mal ein Aquarium gebaut werden, und dann kamen ungefähr 4000 Schleierschwänze und 500 Teleskopfische hinein. Die Fische waren sehr wertvoll und in Hamburg ein begehrter Artikel, der einen großen Nebenverdienst versprach. Jeder an Bord kaufte nun irgendein Viehzeug: Affen, Schlangen, kleine Wildtiere wie Leoparden etc. Das ganze Zwischendeck sah aus wie ein Zoo. Wir hatten unterwegs unseren Spaß an all den Tieren. Der Zimmermann fuhr diese Strecke schon seit zehn Jahren und er gab uns die besten Ratschläge, besonders welche Tiere sich zum Verkauf in Hamburg am besten eigneten. So musste eine Schlange wenigstens zehn Fuß lang sein, sonst hätte sie keinen Wert für den Käufer, und man konnte sie nicht loswerden.« Bei einem Zwischenstopp in Le Havre stürmten Tierhändler das Schiff und wollten alles aufkaufen, doch die Matrosen wussten, dass Hagenbeck die besten Preise zahlte, und hielten viele Tiere zurück. In Hamburg schließlich verkaufte Hubert seinen in Singapur erworbenen Affen und seine Schlange und machte 110 Mark Gewinn.

Schiffe aus Singapur benötigten seit der Eröffnung des Suezkanals 1869 nur noch ungefähr zwei Monate, um einen europäischen Hafen zu erreichen, was einer Zeitersparnis von etwa dreißig Prozent entsprach. Durch die kürzere Reisezeit vereinfachte sich die Versorgung mit Futter und Trinkwasser, doch die Risiken des Schiffstransports blieben weiterhin hoch. Die Praxis, »lebende Ware« mit nach Hause zu bringen, sollte sich unter den Seeleuten bis weit ins 20. Jahrhundert halten. In seiner Autobiografie *Schiffe, Häfen, Mädchen* erzählt Christian Elsässer von seiner ersten großen Fahrt, die ihn 1956 nach Kalkutta führte. »Eine große Gruppe der Verkäufer bildeten die Vogel- und Tierhändler. Vom kleinen Finken bis zum großen Papagei, über Schlangen, Schildkröten und Affen wurde alles angeboten und verkauft. So war nach drei Tagen fast jede Kammer mit einem in Handarbeit gefertigten Vogelkäfig und seinen piepsenden Bewohnern belegt. Nach ein paar Tagen merkten die meisten Seeleute, dass die Tiere Arbeit machten und gepflegt werden mussten. Da meine Kammer die meiste Zeit leer stand, nahm ich die Käfige samt Inhalt und Futter zur weiteren Pflege an und war nun erstmalig Besitzer einer großen Vogelschar. [...] Die von einigen gekauften teureren Papageien, meist Kakadus, blieben jedoch in der Obhut ihrer Besitzer und wurden auch ordentlich versorgt.«

Nach einem Einbruch während des Ersten Weltkriegs erlebte der Handel mit exotischen Tieren ab 1918 einen beträchtlichen Aufschwung. Allein die Firma Ruhe importierte zwischen 1923 und 1933 230 Elefanten, 30 Flusspferde, 16 Giraffen, 274 Zebras, 248 Löwen, 229 Tiger, 305 Eisbären und über 2000 Alligatoren, in den Jahren 1927/28 zudem über 100 meist erwachsene Orang-Utans aus Sumatra. Doch noch immer waren die Tierhändler auf das Wohlwollen der Schiffskapitäne beziehungsweise der Agenten der Reedereien angewiesen, die natürlich ihren Nutzen aus der lebenden Fracht ziehen wollten und hohe Beförderungskosten erhoben. Die Passage für einen Elefanten oder ein anderes Großtier kostete so viel wie ein Billett erster Klasse, denn allein die notwendige Nahrung verursachte riesige Kosten. Ein ausgewachsener Elefant benötigte während der Überfahrt von Indien nach Europa etwa 2000 Kilogramm Heu, 1200 Bananen, 500 Stangen Zuckerrohr und 400 Kohlköpfe.

Alfred Glenewinkel, der spätere Direktor des Ruhrzoos in Gelsenkirchen, hat in *Ein Zoodirektor erzählt* seinen ersten Tiertransport für die Firma Ruhe von Dakar nach Hamburg 1925 an Bord der *Admiral Duprée* beschrieben: Auf diese Reise gingen drei Schimpansen, zwölf Babuin-Paviane, zehn Meerkatzen, drei Löwen, je ein Leopard und Erdwolf, eine Streifenhyäne und ein Marabu, je zwei Rothalsstrauße und Kronenkraniche, vier Wollhalsstörche und 2000 Senegalfinken. Glenewinkel und seine Boys hatten Transportkisten gebaut und die Tiere an die verhältnismäßig kleinen Behälter gewöhnt, in denen »sie wochenlang auf der Schiffsreise nach Europa leben mussten«. Die Kisten sollten einerseits das Wohlbefinden der Tiere gewährleisten, andererseits nicht größer als unbedingt nötig sein, um die Frachtkosten so gering wie möglich zu halten, da der Transport pro Raummeter bezahlt werden musste – immerhin je fünf englische Pfund Sterling (Goldwährung). Zur Versorgung der Raubtiere und der fleischfressenden Vögel nahm man einige Ziegen mit an Bord. Bis zur portugiesischen Küste verlief die Reise ohne Zwischenfall, dann geriet das Schiff in einen Sturm und musste Bordeaux anlaufen. Von dort ging es nach Le Havre weiter, wo alles auf die *Hondie* umgeladen wurde, da die *Admiral Duprée* beschädigt war. Der Kapitän der *Hondie* war »böse, dass er auf seinem für die Ausreise auf Hochglanz polierten Schiff einen Tiertransport unterbringen musste«. Nach einem weiteren unvorhergesehenen Zwischenaufenthalt in Antwerpen gelangte man endlich nach Hamburg. Hier waren die Vertreter der Firma Ruhe erstaunt über den geringen Verlust während der Reise: Nur eine junge Weißnasenmeerkatze und ungefähr 300 Senegalfinken hatten nicht überlebt.

In der Zwischenkriegszeit spezialisierten sich einige Reedereien auf den Transport von Tieren. Mit Schiffen, die speziell dafür ausgerüstet wurden, brachte die Hamburg Südamerikanische Dampfschifffahrtsgesellschaft (HSDG), kurz Hamburg Süd, Tiere aus Feuerland für die zoologischen Gärten nach Europa. Bei diesen Fahrten verwandelten sich die *General San Martin*, die *General Osoribo* und die *General Artigas* in schwimmende Menagerien. Zwischen 1935 und 1937 überführte allein die *General Artigas* bei fünf Reisen für den Hagenbeck'schen Tierpark insgesamt mehr als tausend Tiere nach Hamburg: See-Elefanten, Robben, Pinguine, Lamas aus Argentinien, Raubtiere, Affen, Tapire, Vögel und Reptilien aus Brasilien. In *Wilde Tiere frei Haus* beschreibt Hermann Ruhe, wie man in den 1930er-Jahren den See-Elefanten Seppl transportierte, den Freiherr von Redwitz, der damalige technische Leiter des Zoos Hannover, in Argentinien gefangen hatte. Um den schweren Burschen nach Hamburg zu bringen, ließ man einen riesigen Eisenbottich – genannt die »Badewanne« – bauen, in den das Tier hineinpasste. Mitsamt seiner Badewanne, in der sich ausreichend Wasser befand, wurde Seppl in Buenos Aires von einem Kran an Deck der *Alwaki* gehievt, wo er die Überfahrt verbrachte.

»Bring them back alive«

Der Fernhandel mit wilden Tieren versprach einträgliche Gewinne, barg aber auch hohe Risiken, da nicht nur beim Fang, sondern ebenso beim Transport viele Tiere verendeten. Deshalb galt für Tierfänger und -händler die Devise »Bring them back alive«. Wenn einzelne oder wenige Exemplare auf einmal transportiert wurden, übernahmen meist Angehörige der Mannschaft die Betreuung an Bord. Überführungen nach Triest für den Wiener Tiergarten beispielsweise wurden im 19. Jahrhundert durch den Österreichischen Lloyd, die größte Schifffahrtsgesellschaft Österreich-Ungarns und des Mittelmeeres, durchgeführt; gelegentlich wurde auch die Kriegsmarine herangezogen. Die für die Betreuung der Tiere zuständigen Mannschaftsmitglieder erhielten Gratifikationen: Neben Geldbeträgen waren dies silberne oder goldene Taschenuhren oder Tabatieren mit dem kaiserlichen Monogramm. Große Tiertransporte wurden von den Tierfängern oder von Angestellten der Tierhandelsunternehmen begleitet.

In zahlreichen Erlebnis- und Augenzeugenberichten finden sich die abenteuerlichsten Begebenheiten solcher Reisen. Wilhelm Munnecke, der Biograf von Carl Hagenbecks Halbbruder John, erzählt in *Hagenbecks Dschungelfahrten* die Geschichte der Überfahrt eines Tiertransportes von Ceylon nach Rotterdam. An Bord der »Arche Noah«, wie der Kapitän sein Schiff, die *Medan,* bezeichnete, befanden sich über 400 Tiere, darunter 16 Elefanten, 23 Tiger und andere Raubtiere, mehr als 100 Affen, verschiedene Hirscharten, elf Riesenschlangen, Kobras, Vögel und Riesenschildkröten. Das Schiff hatte Futter und Wasser für 45 Tage gebunkert, allein 25 lebende Rinder und 40 Ziegen für die Fleischfresser. Der Tierfänger John Hagenbeck wollte so viele exotische Tiere wie möglich lebend nach Europa bringen, rechnete jedoch mit einem Verlust von einem Viertel während der Überfahrt. Bis das Schiff mit seiner kostbaren Fracht den Hafen von Rotterdam erreichte, erlebten Besatzung, Passagiere und Begleiter des Transports einige höchst gefährliche Situationen: Ein Tiger wäre fast aus seinem Käfig ausgebrochen, ein sechs Meter langer Python entkam aus seiner Kiste und kroch in die Küche der auf dem Schiff beschäftigten Ceylonesen, wo er von John Hagenbeck wieder eingefangen wurde. In der Biskaya geriet das Schiff in einen schweren Sturm, bei dem die Steuerkette riss und das Schiff in Seenot geriet. Ein Bergungsdampfer kam zu Hilfe und rettete Mensch und Tier.

Dramatisch verlief auch die Reise von Ernst Bussius, einem Tierreisenden, der für die Firma Ruhe arbeitete. Hermann Ruhe beschreibt sie in *Wilde Tiere frei Haus:* Bussius sollte einen Transport mit Kamelen und Yaks von Odessa nach Triest bringen. Bereits im Schwarzen Meer geriet der große Dampfer in einen schweren Sturm, der, nachdem das Schiff das Mittelmeer erreicht hatte, zu einem Orkan anwuchs. Mastochsen und Schafe, einfach alles, was sich auf Deck befand, ging über Bord. Die Kamele waren im untersten Laderaum im vorderen Teil des Schiffes untergebracht, während die Yaks sich im Zwischendeck darüber befanden. Da der Laderaum beim Aufkommen des Sturms mit einer Segeltuchplane verschlossen worden war, drohten die Tiere nun zu ersticken. Mithilfe des Bootsmanns versuchte Bussius – entgegen dem ausdrücklichen Befehl des Kapitäns –, den Laderaum zu lüften, indem er die Plane und ein darunter liegendes Brett entfernte. Dabei wurden die beiden von einer Sturzwelle erfasst und nur durch das rasche Eingreifen eines Matrosen gerettet. Obwohl der Kapitän Bussius das erneute Betreten des Vorderdecks untersagte, gelang es diesem, wieder zu den Tieren vorzudringen. Bei den Yaks sah es »schaurig aus«, doch die Kamele »lagen auf der dicken Streu ganz ruhig zusammen und stützten sich gegenseitig so ab, dass sie nicht hin- und herrollen konnten! Sie käuten friedlich wieder …«

Neben den im deutschsprachigen Raum bekannten Berichten über Tierfangexpeditionen – meist im Auftrag von Hagenbeck oder Ruhe – fanden die Geschichten von Frank Buck (1884–1950), dem wohl bekanntesten Tierfänger Amerikas, große Resonanz und weite Verbreitung. Er war nicht nur Tierfänger, sondern auch Autor, Filmschauspieler und Produzent, versuchte sich kurze Zeit als Zoodirektor, trat im

Zirkus auf und hatte in den 1930er-Jahren in den USA eine eigene Radiosendung. Mehr als zwei Millionen Amerikaner besuchten 1933 Frank Bucks »Jungle Camp« in Chicago, eine angeblich getreue Nachbildung seines Lagers in Asien während seiner Fangreisen, das mit seinen exotischen Tieren auch 1939 bei der Weltausstellung in New York zu einer der viel besuchten Attraktionen gehörte. Ab den 1920er-Jahren veröffentlichte er mehrere Bücher. Berühmt wurde er mit *Bring 'Em Back Alive,* das 1930 erschien; zwei Jahre später folgte *Wild Cargo.* In beiden Bänden erzählt er jeweils achtzehn haarsträubende Geschichten seiner »Heldentaten« beim Fang wilder Tiere. Beide Bände wurden später mit Buck in der Hauptrolle verfilmt. Weitere Abenteuerfilme wie *Killer of the Amazon, Jacaré* und *Tiger Fangs* folgten. Sie spielten alle im Dschungel und liefen fast immer auf einen Kampf auf Leben und Tod zwischen dem Helden und den tierischen Bestien hinaus.

In Bucks Geschichten finden sich immer wiederkehrende Motive: der Ausbruch von Tieren aus ihren Käfigen an Bord, die Rettung während stürmischer See oder Feuer an Bord. In *Monkey Mischief* beschreibt Buck das Entwischen von fünfzig Rhesusaffen an Bord des Dampfers *Santa Cruz* während der Überfahrt von Asien nach Amerika: fünfzig harmlose Äffchen, die das Schiff für sich erobern und sich nur sehr schwer wieder einfangen lassen. Drei der kleinen Ausreißer finden am Achterdeck eine Kiste mit Kartoffeln, die ein Küchenjunge offen gelassen hat, als er Nachschub für den Koch holte. Die Tiere haben nichts Besseres zu tun, als mit den Kartoffeln Ball zu spielen und die Knollen über das ganze Deck zu werfen. Andere gelangen in die Küche und machen sich über das Gemüse her, das gerade geputzt wurde. Wieder andere treiben ihre Scherze mit den Passagieren: Einer stibitzt den Strumpf einer Dame, ein anderer findet Gefallen an einer Puderdose, aber auch das Tafelsilber im Speiseraum ist nicht sicher vor ihnen. Unter den Passagieren des Schiffs bricht ein regelrechter Wettkampf aus, wem es gelingt, die meisten Affen zu erwischen. Dennoch dauert es zwei Tage, bis der Spuk vorüber ist. Weit gefährlicher klingt die Geschichte *Loose on board,* bei der ein Leopard aus seinem Käfig ausbricht, aber von

Buck, der dies mit aller Dramatik beschreibt, lebend wieder eingefangen wird.

Mit dem Ausbruch des Zweiten Weltkriegs kamen Tierfang und -handel zum Erliegen, und erst zu Beginn der 1950er-Jahre gab es wieder größere Tiertransporte aus Übersee nach Europa. Großtiere wurden jetzt jedoch häufiger als Luftfracht transportiert. Das Aufkommen von Containerschiffen in den 1970er-Jahren brachte eine weitere Verlagerung der Transporte auf den Luftweg mit sich. Etwa ab derselben Zeit führten gesetzliche Bestimmungen zum Schutz bedrohter Tierarten, insbesondere das Washingtoner Artenschutzübereinkommen, zu Im- und Exportverboten für viele Wildtiere und infolgedessen zu einem deutlichen Rückgang von Transporten exotischer Tiere. Zumindest solchen der legalen Art, denn trotz vieler nationaler und internationaler Regeln, Vorschriften und Bestimmungen decken Tierschützer immer wieder Fälle von Verstößen auf. Im Jahr 2000 machte die Tierschutzorganisation Pro Wildlife publik, dass in deutschen Zoos exotische Tiere aus Wildfängen stehen. So kauften der Dresdner und der Erfurter Zoo 1999 junge Elefanten bei einem von Interpol gesuchten Tierhändler. Flusspferde, Nashörner, Waldelefanten, Geparden und andere Wildtiere, teilweise geschützte Arten, werden per Fax oder E-Mail angeboten. Woher die Tiere stammen, bleibt meist unklar. Im November 2000 wurden 25 wild gefangene Giraffen und drei Breitmaulnashörner vom spanischen Zoll im Hafen von Valencia zurückgewiesen und nach Durban in Südafrika zurückgeschickt. Schon vor Beginn der Reise kannte das Transportunternehmen die Bedenken der spanischen Behörden wegen der in Südafrika grassierenden Maul- und Klauenseuche – und hatte die Tiere mithin auf eine ungewisse Reise gesandt.

Tiere im Krieg

Einige Tierarten – Elefanten, Pferde, Dromedare und Trampeltiere – wurden nicht nur aus Vergnügungszwecken über weite Strecken zu ihrem Bestimmungsort transportiert, sondern über Jahrhunderte hinweg, bis weit ins 20. Jahrhundert hinein, zu militärischen Zwecken den schwankenden Planken von Schiffen ausgesetzt.

Ptolemaios' Elefanten

Bereits in den ältesten indischen Epen aus dem ersten Jahrtausend vor Christus wird häufig der Einsatz von Elefanten im Krieg erwähnt. Auch Alexander der Große und seine Kämpfer wurden in der letzten großen Schlacht an den Ufern des Hydaspes (326 v. Chr.) mit den Dickhäutern konfrontiert, die zur Armee des indischen Herrschers Poros gehörten. Nach dem Tod Alexanders zerbrach sein riesiges Reich, und seine Nachfolger lieferten sich blutige Diadochenkämpfe, bei denen systematisch Elefanten eingesetzt wurden. Durch die geografische Lage ihres Reiches kontrollierten die Seleukiden, die Herrscher in Vorderasien, den Landweg nach Indien und damit den Handel mit dem begehrten Elfenbein. Ihre Kriegselefanten galten als gefährlichste Waffe. Ptolemaios I. Soter, Herrscher von Ägypten, und seine Nachfolger setzten deshalb alles daran, afrikanische Elefanten zu erhalten. Unter Ptolemaios II. Philadelphos und dessen Sohn Ptolemaios III. Euergetes wurden entlang der Küste des Roten Meeres bis an die Meeresstraße von Bab al-Mandeb und weiter zum Kap Guardafui am Horn von Afrika Stationen angelegt, die in erster Linie als Stützpunkte für die Elefantenjagd dienten. Hier wurden die in den südlichen Wäldern des heutigen Eritrea und Äthiopien gefangenen Elefanten gesammelt und durch indische Mahouts abgerichtet, bevor sie mit großen schweren Ruderschiffen, den Elephantagois, entlang der Küste des Roten Meeres nach Berenice, dem südlichsten Hafen Ägyptens ungefähr 800 Kilometer von Suez entfernt, gebracht wurden.

Berenice, 275 v. Chr. von Ptolemaios II. gegründet, war ein natürlicher Hafen, der durch eine große Halbinsel vom stürmischen Nordwind abgeschirmt war. Von hier aus verliefen Karawanenstraßen durch die Wüste Richtung Oberägypten. Die Schifffahrt auf dem Roten Meer verlangte den Seeleuten ungleich größere Anstrengungen ab als die Navigation auf dem Mittelmeer: Ungünstige klimatische Verhältnisse, stetig vorherrschende Nordwinde und zahlreiche Korallenriffe, die etwa ein Drittel des Meeresbodens bedecken, sowie unzählige Inseln gefährdeten die Besatzung und ihre kostbare Fracht. Unbill drohte auch von Piraten, die von der Arabischen Halbinsel aus operierten. Trotz alledem gelangten einige Hundert afrikanische Elefanten nach Berenice und wurden zu Kriegswaffen der Ptolemäer. Nachdem bei der Schlacht von Raphia in Palästina (217 v. Chr.) die 73 afrikanischen Elefanten des Ptolemaios IV. Philopator von den 102 indischen Elefanten des Antiochos III. aufgerieben wurden, scheint das Interesse der Ptolemäer am militärischen Einsatz der Tiere nachgelassen zu haben.

Jefferson Davis' Kamele

Am 29. April 1856 erreichten 35 Trampeltiere und Dromedare an Bord des Segelschiffs *Supply,* eines Transportschiffs der amerikanischen Navy unter dem Kommando von Leutnant David D. Porter, Pass Cavallo bei Indianola in Texas. Da die raue See ein Umladen der Tiere auf leichtere Frachter nicht zuließ, lichtete der Kapitän die Anker und segelte zum südwestlichen Mündungsgebiet des Mississippi, wo am 10. Mai der

Dampfer *Fashion* die Tiere übernahm, um sie nach Indianola zu befördern.

Ein Jahr zuvor, am 3. Mai 1855, hatte der amerikanische Kongress dem Kriegsminister Jefferson Davis 30 000 Dollar zum Import von Trampeltieren und Dromedaren bewilligt, um deren Einsatzmöglichkeiten als Last- und Reittiere für die amerikanische Armee zu untersuchen. Jefferson Davis – später der erste und einzige Präsident der Konföderation und ein erbitterter Gegner von Abraham Lincoln – beauftragte Major Henry C. Wayne und Leutnant der Marine David D. Porter mit dieser Aufgabe. Sie sollten dafür im Nahen Osten die besten Kamele einkaufen und auf der *Supply* in die Staaten bringen. Wayne reiste zunächst nach London und Paris, wo er sich bei Experten informierte, bevor er in La Spezia an Bord der *Supply* ging. In Tunis, der nächsten Reisestation, schenkte der Bey von Tunesien den Vereinigten Staaten zwei schöne Kamele. Die beiden Offiziere kauften ein drittes Tier dazu und segelten mit ihren Errungenschaften über Smyrna weiter nach Saloniki. Dort konnten sie keine weiteren Kamele erwerben, da die Briten alle Tiere für den Krimkrieg aufgekauft hatten. Anfang Oktober erreichten die beiden Konstantinopel, wo sie zwei der drei Kamele aus Tunesien verkauften, da sie Anzeichen einer Erkrankung an Krätze zeigten. Von Konstantinopel aus unternahmen sie eine Reise zur Krim, um weitere Informationen zur Kamelhaltung der Briten zu erlangen. Ende November segelten sie weiter nach Alexandria in Ägypten. Während der Fahrt beobachteten Wayne und Porter das Verhalten und die Anforderungen der Tiere, die mittlerweile über 120 Tage auf See waren, genau und sandten Davis ausführliche Berichte. In Ägypten war der Export von Kamelen verboten, und es dauerte einige Zeit, bis Wayne dennoch die Erlaubnis zur Ausfuhr von zehn Tieren erhielt. Sechs weitere stellte der Vizekönig als Geschenk an Amerika zur Verfügung. Als diese zum Schiff gebracht wurden, stellten die amerikanischen Offiziere fest, dass es sich um kranke, erbärmlich misshandelte Straßentiere handelte. Habgierige Bedienstete des Vizekönigs hatten die Tiere einfach ausgetauscht. Der Vizekönig sandte daraufhin, um sich in Amerika nicht zu blamieren, sechs seiner eigenen Kamele. Am 22. Januar 1856 verließ das Schiff Alexandria Richtung Smyrna, um dort die Ladung zu vervollständigen.

Am 15. Februar 1856 trat die *Supply* von Smyrna aus die Überfahrt nach Amerika an. An Bord befanden sich neun Dromedare, 23 Trampeltiere und ein Trampeltierkalb. Sie wurden von vier amerikanischen Seeleuten, zwei Türken, von denen einer als »Kameldoktor« galt, und drei Arabern unter dem Kommando eines »waggon master« versorgt. Die einheimischen Wärter erwiesen sich, so Porter in seinem zusammenfassenden Resümee, jedoch als untauglich. Bei schlechtem Wetter – und es herrschte während der 104 Tage sehr häufig schlechtes Wetter – waren sie zu nichts zu gebrauchen, und auch bei gutem Wetter waren sie der Arbeit eher abgeneigt. Für die Unterbringung der Tiere hatte Porter extra ein Kameldeck einrichten lassen, das durch eine speziell angefertigte Vorrichtung selbst während stürmischer See ausreichend belüftet werden konnte, und für den Umgang mit den Kamelen und deren Beaufsichtigung hatte er strikte Regeln aufgestellt: Rund um die Uhr musste eine Person bei ihnen sein, und es gab feste Zeiten, an denen sie mit einer bestimmten Ration gefüttert und getränkt wurden. Die Tiere mussten täglich eine halbe Stunde gebürstet und ihre Beine alle zwei Tage mit Seifenwasser abgewaschen werden. Der Stall musste täglich gesäubert werden.

In einem Journalbuch wurden alle Vorkommnisse verzeichnet. Während der Überfahrt wurden sechs Kälber geboren, von denen jedoch vier verstarben. Das erste an Bord geborene Kalb tauften die Seeleute auf den Namen Uncle Sam. Die beiden überlebenden Jungtiere wurden von Porter als »perfekte Seemänner« beschrieben, die ohne Probleme bei jedem Wetter zur Freude und Belustigung der Mannschaft an Deck herumsprangen und sich auch bei steifer Brise sicher auf ihren Beinen hielten. Um frisches Wasser und andere Nahrungsmittel an Bord zu nehmen, legte das Schiff in Kingston auf Jamaika einen kurzen Zwischenstopp ein. Zahlreiche Besucher – an einem Tag sollen es um die 4000 gewesen sein – kamen, um die seltsamen Vierbeiner zu besichtigen. Bei ihrer Ankunft in Indianola waren die Tiere in besserer Verfassung als zur Zeit ihrer Verladung. Das tunesische Kamel hatte insgesamt neun Monate auf See verbracht und mehr als 10 000 Seemeilen zurückgelegt; es zeigte keinerlei Beeinträchtigungen. Von Indianola aus marschierten die Tiere in Begleitung von Major Wayne ins Camp Verde, achtzig Kilometer nordöstlich von San Antonio, das sie am 27. August 1856 erreichten. Hier sollte ihre Tauglichkeit für militärische Zwecke getestet werden.

Leutnant Porter befand sich zu diesem Zeitpunkt wieder auf See in Richtung Naher Osten. Er sollte eine weitere Gruppe Kamele nach Amerika bringen. Zu deren Versorgung hatte die *Supply* neben 26 Tonnen Heu, 6000 Gallonen Hafer (eine US-Gallone entspricht 3,785 Litern), 500 Gallonen Gerste, zehn Fässern Bohnen auch 50 Pfund Schwefelpulver zur Behandlung der gefürchteten Krätze geladen. Nach einer langen Reise gelangte die *Supply* nach Smyrna, wo sie ihre tierische Fracht aufnahm. Auf der Heimfahrt hatte das Schiff erneut mit stürmischer See zu kämpfen; allein für die Überfahrt Richtung Malta benötigte man fünfzehn Tage, und an dreizehn davon – so Porter in seinen Aufzeichnungen – war man Stürmen und Hurrikans ausgesetzt. Er selbst habe während dieser Zeit kein einziges Mal seine Kleidung gewechselt oder seine Koje gesehen. Die weitere Reise verlief nicht weniger stürmisch, doch am 30. Januar 1857 erreichte das Schiff mit 41 Tieren die Mündung des Mississippi, wo die Kamele auf den Frachter *Suwanee* umgeladen und nach Indianola gebracht wurden. Die Tiere waren in bester Verfassung – nur drei waren auf der weiten Fahrt verstorben. In den folgenden Jahren testete die Armee die »Wüstenschiffe« intensiv und mit gutem Erfolg, dennoch löste der Kongress das US Army Camel Corps auf, und die Tiere wurden verkauft. Einige sollen ihren Besitzern entlaufen sein und in der Wildnis überlebt haben. Angeblich werden ihre wilden Nachkommen heute noch in den Weiten der amerikanischen Wüste gesichtet.

Kavallerie zur See

Pferde sind fast überall auf der Welt über die Meere transportiert worden. Im Altertum überquerten sie während der Perserkriege mit sogenannten Hippagogos oder Hippegos das Mittelmeer. Die den Persern tributpflichtigen griechischen Küstenstädte mussten diese Schiffe auf Befehl des persischen Königs Dareios I. 493 v. Chr. bauen. Zur Streitmacht des Perikles gehörten 430 v. Chr. immerhin 300 Reiter mit ihren Tieren, die mit solchen Schiffen transportiert wurden. Alexander der Große hatte bei seinem Vormarsch nach Asien 334 v. Chr. 5000 Reiter in seinem Aufgebot, mit denen er den Hellespont überschritt. Caesar ließ bei der Eroberung Britanniens 55/54 v. Chr. Pferde über den Kanal verschiffen. Zur Kriegsflotte des byzantinischen Kaisers Konstantin V., die 762 im Schwarzen Meer eingesetzt wurde, gehörten sogenannte Chelandias; das waren kleine, schmale Ruderschiffe, auf denen je ein Dutzend Pferde Platz fand. Beim Einfall des Normannen Wilhelm des Eroberers gelangten im Herbst 1066 viele Pferde in flachen Booten über den Ärmelkanal nach England. Diese Überfahrt ist auf dem berühmten 70 Meter langen Wandteppich der Kathedrale von Bayeux dargestellt; auch das Be- oder Entladen von mehr als 170 Tieren ist dort illustriert. Nahezu sechs Wochen warteten damals zwischen 6000 und 7000 Mann mit 2000 bis 2500 Pferden auf ruhige See und Südwind, um von St.-Valéry an der Mündung der Somme nach England übersetzen zu können. Die Fahrtzeit bis an die 70 Seemeilen entfernte Küste in der Nähe von Pevensey, einer kleinen Ortschaft an der Südostküste Englands, betrug 12 bis 14 Stunden. Dort angekommen, sprangen die Pferde einfach vom niedrigen Deck der nur ungefähr 15 bis 18 Meter langen Schiffe auf den seichten Sandstrand oder liefen eine Rampe hinunter. Die Koordination dieser Fahrt, an der circa 700 Schiffe beteiligt waren, gilt als nautische Meisterleistung.

Während der Kreuzzüge der christlichen Völker des Abendlandes, die 1095 einsetzten, 1099 zur Eroberung Jerusalems führten und 1291 mit dem Fall Akkons endeten, nahm der Seetransport von Pferden an

Bedeutung zu. Der für Mensch und Tier beschwerliche und risikoreiche Landweg nach Outremer beziehungsweise Syria – so wurden die vier Kreuzfahrerstaaten bezeichnet, die nach dem ersten Kreuzzug an der Levante gegründet wurden – wurde zunehmend durch den Seeweg ersetzt, auch wenn dieser sicherlich nicht weniger gefährlich und entbehrungsreich war. Dies galt besonders für die aus England und den nördlichen Territorien stammenden Kreuzritter, die zuerst den Atlantik mit seinen schweren Stürmen passierten, dann entlang der Iberischen Halbinsel und weiter durch die Meerenge von Gibraltar bis nach Marseille oder zu den italienischen Städten segelten. Der afrikanischen Küste konnten sie sich in diesem Abschnitt nicht nähern, dort drohte Gefahr von muselmanischen Seeräubern.

Unzählige Schiffe und auf ihnen eine riesige Anzahl von Menschen und Pferden segelten während der Kreuzzüge von Westen kommend ins Heilige Land. Sowohl kleine wie große Segelschiffe, große Galeeren und kleinere, mit Rudern versehene Schiffe, aber auch sogenannte intermediäre Schiffstypen waren dabei. Die Nau *(nave, navis, nef),* in den Quellen auch als Buzzo oder Usciere *(huissier)* bezeichnet – nicht zu verwechseln mit der portugiesischen Nao des 15. bis 17. Jahrhunderts –, war das typische Transportschiff des Mittelalters im Mittelmeerraum. Sie war ein eher rundliches Fahrzeug mit einer Länge von bis zu vierzig Metern, verfügte über zwei oder drei Decks, wobei das Vorder- und das Hinterdeck kastellartig erhöht waren. Meist besaß sie zwei, in seltenen Fällen drei Masten, die die dreieckigen Lateinersegel trugen. Aufgrund dieser Bauform hatte sie im Vergleich zu einer Galeere eine höhere Ladekapazität, denn Letztere war ein eher schmal geschnittenes Schiff, das zwar segelfähig war, jedoch meist gerudert wurde. Die Galeere ihrerseits gilt schlechthin als das Kriegsschiff des Mittelmeers vom Mittelalter bis weit in die Neuzeit hinein. Im 13. Jahrhundert verfügten die meisten Galeeren über 25 bis 30 Bankreihen auf jeder Seite, die mit jeweils zwei – später sogar mit drei – Mann besetzt waren.

Zum Transport der Pferde wurden meist Schiffe des Typs Nau verwendet. Beim dritten Kreuzzug (1190–1192), an dem auch Richard Löwenherz teilnahm, kamen außerdem Galeeren mit der Bezeichnung »Taride«, »Chelandria« oder »Salandria« zum Einsatz. Sie hatten am Heck, manchmal auch an der Seite, Tore zum Öffnen, weshalb sie oft »Torschiffe« genannt wurden. Diese Tore, die es ebenso bei Segelschiffen gab, wurden nach dem Beladen geschlossen und mit Pech abgedichtet. Bei der Landung wurden sie geöffnet und eine Brücke herabgelassen, sodass die Ritter in voller Rüstung auf ihrem Pferd das Schiff verlassen konnten.

Während der Fahrt standen die Pferde meist im Kielraum in einzelnen, abgetrennten Boxen, wo sie mit ledernen Gurten festgeschirrt wurden, um sie vor einem Sturz infolge des Stampfens und Schlingerns des Schiffes zu schützen. Verschiedene Quellen sprechen auch von einem engen Gestell mit einem Leintuch, das unter dem Bauch durchgezogen wurde und in dem das Pferd regelrecht hing. Der Bewegungsmangel führte allerdings dazu, dass die Tiere nach längerer Fahrt lahm, taub und benommen waren, so wie die Pferde von Richard Löwenherz, als sie nach einem Monat auf See in Zypern landeten.

Auf den Schiffen von Richard Löwenherz, die im Frühjahr 1190 in England ihre Anker lichteten, um Westeuropa zu umrunden und den König in Marseille zu treffen, sollen sich neben 15 Seeleuten jeweils 40 Ritter mit ihren Schlachtrössern an Bord befunden haben. Die Flotte bestand aus etwa 100 Schiffen unterschiedlicher Größe: Da die Schiffe nur für ungefähr zehn Tage Proviant mitnehmen konnten, waren sie bei längeren Fahrten gezwungen, Station zu machen, um wieder Vorräte an Bord zu nehmen. Besonders der große Wasserbedarf der Pferde – sie benötigen schon bei moderaten Temperaturen täglich zwischen 22 und 35 Liter – stellte die Kreuzfahrer vor ein großes Problem.

Bei den späteren Kreuzzügen übernahmen meist die italienischen Seestädte, allen voran Venedig und Genua, den Bau der Flotten, da nur sie über die Möglichkeit verfügten, solch große Transportkapazitäten bereitzustellen. Für den vierten Kreuzzug (1202–1204) sollte das venezianische Arsenal – die staatliche Werft und wahrscheinlich größte Industrieanlage der mittelalterlichen Welt – die Schiffe bauen. Der

Kontrakt mit den Kreuzfahrern legte fest, dass Schiffe für den Transport von 4500 Rittern samt ihren Pferden, 9000 Knappen und 20 000 Mann Fußvolk sowie Proviant für bis zu einem Jahr bereitstehen sollten, zuzüglich einer venezianischen Begleitflotte von 50 Galeeren mit 6000 Mann Besatzung. Der ausgehandelte Preis für diesen Auftrag betrug 85 000 Silbermark. Da im frühen 13. Jahrhundert ein Transportschiff etwa 30 Pferde fasste, hätte Venedig mindestens 150 davon bereitstellen müssen. Im Lauf des Jahrhunderts stieg das Transportvolumen der Schiffe erheblich. 1268 orderte Ludwig IX. für den Tunis-Kreuzzug neben acht dickbauchigen Segelschiffen auch vier Schiffe des Typs Salandria; sie sollten bereits jeweils 100 Pferde aufnehmen.

In den folgenden Jahrhunderten wurden immer wieder Pferde zu kriegerischen Auseinandersetzungen über das Meer verschifft. Dabei nahmen die Transporte immer größere Dimensionen an: So brachte zum Beispiel die französische Handelsflotte während des Krimkrieges (1853–1856), bei dem sich auf der einen Seite Russland und auf der anderen das Osmanische Reich, Frankreich und Großbritannien gegenüberstanden, knapp 42 000 Pferde an den Kriegsschauplatz. Man benutzte dafür noch große Segelschiffe, die jedoch teilweise schon von Dampfschiffen gezogen wurden, um starkes Rollen und Schlingern sowie eine übermäßige Schräglage beim Segeln am Wind zu vermindern. Der Transport gestaltete sich dennoch meist schwierig. Sowohl auf den französischen als auch auf den englischen Schiffen – vielfach gecharterte Handelsschiffe – fehlten Boxen, Gestelle und Gurte, sodass die völlig frei stehenden Tiere bei stürmischer See hin- und hergeworfen wurden und erhebliche Verletzungen davontrugen. In Gallipoli auf der Krim mangelte es zudem an Flößen und kleinen Booten, um die Tiere an Land zu bringen, weshalb man die Pferde nicht selten einfach ins Meer warf, damit sie an Land schwammen.

Bald wurden die Segelschiffe gänzlich von Dampfschiffen abgelöst, die eine weit größere Transportkapazität hatten. Die *Great Republic,* ein von Frankreich für den Krimkrieg umgebautes Segelschiff, konnte zwar bereits 497 Pferde und 500 Mann aufnehmen, doch nur 50 Jahre später brachte der Dampfer *Palatia* bereits um die 1000 Pferde von Hamburg nach Südwestafrika. Insgesamt wurden zwischen März 1904 und August 1905 mit 28 Schiffen 10 357 Pferde von Hamburg nach Deutsch-Südwestafrika (das heutige Namibia) gebracht und dort zur Niederschlagung des Herero-Aufstandes eingesetzt. Um die 150 000 Tiere legten zum Teil einen weit längeren Weg zurück, um in Südafrika zwischen 1899 und 1902 im sogenannten Burenkrieg der englischen Kavallerie und als Zugpferde zu dienen. Sie kamen in der Mehrzahl aus Argentinien und Australien sowie Neuseeland. Während des Ersten Weltkriegs überquerte rund eine halbe Million Pferde den Atlantik von Nordamerika aus nach Europa – und auch im Zweiten Weltkrieg erfolgten Pferdetransporte per Schiff auf dieser Route.

Noch um 1900 wurden die Tiere meist an Deck in Boxen aus doppelten Holzwänden untergebracht, die mit Seegras und Dachpappe isoliert wurden. Diese Dämmschicht wurde so angebracht, dass sie beim Übergang in wärmere Gefilde leicht entfernt werden konnte. Die Ställe konnten zwar ohne großen Aufwand auf- und abmontiert werden, bei starkem Seegang – insbesondere in der Biskaya und bei Atlantiküberquerungen – bestand jedoch die Gefahr, dass Ställe und Tiere über Bord gespült wurden. Und tatsächlich gelangten viele Tiere gar nicht auf die Kriegsschauplätze, sondern verendeten beim Transport.

Tierische Kolonisatoren

Europäische Nutztiere als Konquistadoren der Neuen Welt

Wer kennt es nicht, das amerikanische Kinderlied *Old MacDonald had a farm* mit seinen Pferden, Rindern, Schafen und Schweinen. Wer kennt nicht die unzähligen Geschichten, Romane und Filme, in denen stolze, Lassos schwingende Cowboys auf ihren Pferden eine gewaltige Rinderherde durch die Weiten der Prärie treiben – Symbole Nordamerikas. In Südamerika sind es die Gauchos, die ihr Leben im Sattel verbringen, Rinder in der Pampa hüten und Steaks am offenen Lagerfeuer braten. Doch erst mit Kolumbus, der am 25. September 1493 von Cádiz aus mit 17 Schiffen zu seiner zweiten Reise in die Karibik aufgebrochen war, betraten am 28. November 1493 die ersten Farmtiere den Boden der Neuen Welt. An Bord der Schiffe befanden sich mindestens zwanzig Hengste, fünf Stuten sowie Rinder, Schafe, Schweine, Ziegen, Hühner und Hunde sowie als ungebetene Gäste viele Ratten, Mäuse und anderes Ungeziefer. Wir wissen nicht, wie viele dieser Tiere Hispaniola wirklich erreichten, doch bildeten sie zusammen mit denjenigen, die ihnen in den nächsten Jahren nachfolgten – ob nach Hispaniola, Puerto Rico, Jamaika oder Kuba –, die Grundlage für die tierische Landwirtschaft der neuen Kolonien. Von diesen vier Inseln aus gelangten im Zuge der spanischen Eroberungen die Tiere auf den amerikanischen Kontinent, wo sie den Grundstock für die in den folgenden Jahrhunderten entstehenden riesigen Herden an Rindern, Schafen und Pferden bildeten.

Im Gegenzug brachten die Konquistadoren nur zwei Tierarten nach

Europa: das Meerschweinchen und den Truthahn beziehungsweise Puter. Lebende Tiere an Bord waren nichts Ungewöhnliches. Europäische Nutztiere wurden üblicherweise als Proviant auf lange Reisen mitgenommen. Nach der Entdeckung der Neuen Welt waren es Meeresschildkröten, die man als lebende Konserven auf dem Rücken liegend transportierte, sowie Meerschweinchen und exotische Geflügelarten wie eben der Truthahn, die auf der Rückreise diese Funktion erfüllten. Bereits Kolumbus soll bei seiner vierten Reise 1502 während seines Aufenthalts im heutigen Honduras Truthähne kennen- und als Nahrung schätzen gelernt haben. Hernando Cortez beschreibt in seinem Tagebuch diese Tiere, die er 1519 auf dem Markt von Tenochtitlán (auf dessen Ruinen Mexico City errichtet wurde) sah. In den Geflügelhöfen des Palastes von Moctezuma II. wurden – so Cortez – Tausende dieser »Gallinas« gehegt. In Europa dürfte der Puter bereits 1511 angekommen sein, und schon zwei Jahrzehnte später fand – ausgehend von Spanien – die Zucht dieser Vögel in Europa Verbreitung. Sie waren zunächst der Tafel der Aristokratie vorbehalten, doch Ende des 17., Anfang des 18. Jahrhunderts gelangten sie auch auf den Tisch des wohlhabenden Bürgertums.

Neben Geflügel, das wenig Platz und nur eine Handvoll Körner als Nahrung benötigte, galten Schweine als die genügsamsten und robustesten Tiere an Bord. Sie liefen teilweise frei an Deck herum und fraßen alles, was sie finden konnten. Einmal an Land gebracht, vermehrten sie sich in kürzester Zeit stark. Diego Velázquez de Cuéllar teilte 1514 dem spanischen König Ferdinand V. aus Kuba mit, dass circa 30 000 Tiere auf der Insel lebten. Sie seien die Nachfahren der zwei Dutzend Tiere, die er 1498 eingeführt habe. Von den Karibischen Inseln aus gelangten die Schweine nach Süd- und Nordamerika. Hernando Cortez brachte 1519 neben Pferden auch Schweine aus Hispaniola nach Mexiko, und »mexikanische« Schweine begleiteten 1531/1532 Francisco Pizarro auf seinem Eroberungszug durch Peru. Schon wenige Jahre später gab es in dem Andenstaat so viele dieser Tiere, dass mit ihrem Fleisch auf dem Markt von Lima ein reger Handel betrieben wurde. Der Schinken soll nach Aussage eines Chronisten genauso gut gewesen sein wie der aus der Sierra Morena in Spanien. Nach Nordamerika gelangten Schweine 1539 mit Hernando de Soto, der 13 Exemplare aus Kuba nach Florida mitnahm. Drei Jahre später war die Herde bereits auf über 700 angewachsen.

Andere europäische Kolonisatoren wie Portugiesen, Franzosen, Engländer und Niederländer folgten dem Beispiel der Spanier. Sie alle verfrachteten Nutztiere von der Alten in die Neue Welt. In den 1530er-Jahren brachten die Portugiesen Schweine nach Brasilien, und zwei Jahrzehnte später ließen sie auf der im nördlichen Atlantik vor Nova Scotia gelegenen Insel Sable Schweine und Kühe frei. Die Tiere vermehrten sich so stark, dass sich Portugiesen, Spanier, Franzosen und Engländer auf ihrer jährlichen Fahrt zum Kabeljaufang vor Neufundland, Nova Scotia und im St.-Lorenz-Golf mit Frischfleisch von Sable Island versorgten. Den Kabeljaufischern folgten englische und französische Walfänger und Walrossjäger. Bereits 1591 hatte die Besatzung eines französischen Schiffes 1500 Walrosse auf Sable Island erlegt. Die Tiere wurden wegen ihres Trans, ihrer Haut und wegen ihrer Zähne gejagt.

Auf vielen unbewohnten Inseln in der Karibik setzten Portugiesen und Spanier Schweine aus, damit nachfolgende Seefahrer Nahrung fanden. Meist hinterließen sie noch eine Nachricht mit der Aufforderung, es ihnen auf anderen Inseln gleichzutun. Die ausgewilderten Schweine und ihre zahlreiche Nachkommenschaft (Schweine können bis zu dreimal im Jahr trächtig werden und jeweils drei bis zwölf Ferkel zur Welt bringen) dienten jedoch nicht nur Seefahrern als Proviant, sondern auch Piraten, die im 16. bis 18. Jahrhundert die Karibik auf der Suche nach lukrativer Beute unsicher machten. Neben gerösteten Fischen und Schildkrötenfleisch war Schweinefleisch eines der wichtigsten Nahrungsmittel der Seeräuber, weshalb man sie bald »Buccaneer« nannte – als »buccan« werden in der Karibik Holzgitter oder -roste bezeichnet, auf denen Fleisch über offenem Feuer geröstet oder geräuchert wird. Auf den Bermudas hatten sich die verwilderten Schweine so stark vermehrt, dass sich bereits 1591, als die *Henry May* dort Schiffbruch erlitt, die überlebenden Seeleute von ihnen ernähren konnten. Ähnlich erging es der Mannschaft von Kapitän John Powell, der 1625 Barbados anlief: Die Seeleute stießen auf eine große Herde wilder Schweine, sahen oder hörten jedoch keine Menschen. Für die ersten Siedler auf den Bermudas, auf Barbados und anderen Inseln der Kleinen Antillen wurden die Nachkommen ausgesetzter Schweine zur bedeutendsten Quelle für tierisches Protein.

Franzosen, Engländer und Niederländer konzentrierten ihre Kolonisierungsbemühungen überwiegend auf den nördlichen Teil der Neuen Welt. Die ersten Versuche am Ende des 16. Jahrhunderts scheiterten jedoch, so zum Beispiel die erste englische Kolonie, gegründet 1584 auf der Insel Roanoke vor der Küste North Carolinas. Die Siedler brachten damals allerdings keine Tiere aus Europa mit, sondern erwarben sie bei einem Zwischenstopp auf Hispaniola. Zu Beginn des 17. Jahrhunderts entstanden schließlich die ersten dauerhaften englischen Siedlungen: Jamestown in der Chesapeake-Bucht sowie Plymouth und Massachusetts Bay in Neuengland. Mit der Gründung von Québec am St.-Lorenz-Strom durch die Franzosen gelangten 1608/09 erstmals Schweine und einige Jahre später auch Kühe auf französischen Schiffen in die Neue Welt. Die Holländer gründeten die Siedlung New Amsterdam, das spätere New York.

Die meisten Schiffe, die damals Siedler mitsamt ihrem Hab und Gut zu den neuen Kolonien über den Atlantik transportierten, waren umgebaute Handelsschiffe, die vorher die Route Richtung Mittelmeer befahren hatten. Manchmal wurden auch Fischerboote der Neufundlandflotte eingesetzt, wie die elf Schiffe der Winthrop-Flotte, die 1630 mit 700 Siedlern, mit Schweinen und Geflügel, 240 Kühen und 60 Pferden an Bord von der Isle of Wight zur Atlantiküberquerung nach Massachusetts Bay aufbrachen. Selbst auf den größeren Schiffen waren Passagiere, Besatzung und Ladung auf engstem Raum zusammengedrängt. Auf der *New Supply* teilten sich 1683 auf ihrer Fahrt über den Atlantik 168 Passagiere sowie die Besatzung weniger als 150 Quadratmeter Deckfläche. Jedem stand für seine Habseligkeiten ein Laderaum zur Verfügung, in den kein ausgewachsener Mensch hineingepasst hätte.

Die Überfahrt von acht bis zehn Wochen stellte die Siedler, die zusammengepfercht auf engstem Raum leben mussten und der Rohheit der Seeleute sowie den Unbilden des Wetters ausgesetzt waren, auf eine harte Probe. Die Tiere waren unter Deck in engen, feuchten und dunklen Absperrungen untergebracht, und ihre Versorgung war, da auch der Laderaum für Futter begrenzt war, mehr als schlecht. Deshalb verwundert es nicht, dass ein großer Teil von ihnen während der Fahrt in die Neue Welt starb.

Bereits während der Eroberung der Kanarischen Inseln im 15. Jahrhundert hatten die Spanier Tiere auf Schiffen transportiert, die dafür überhaupt nicht geeignet waren. Dabei verendeten viele Pferde, und ihre Kadaver wurden über Bord geworfen, weshalb das Meer zwischen Spanien und den Kanaren – so berichteten einige Chronisten – den Beinamen »Golfo de Yeguas«, »Golf der Stuten«, erhielt. Andere bezweifelten, dass die Seeleute tote Pferde einfach über Bord geworfen hätten, da Frischfleisch immer willkommen gewesen sei und Abwechslung in den eintönigen Speiseplan gebracht habe.

Mit der Entdeckung Amerikas war eine erheblich längere Fahrt zu bewältigen, und die Gefahr von Hunger und Durst an Bord wuchs. Insbesondere, wenn ein unfähiger Kapitän die Passage zu weit südlich führte und das Schiff in die Zone zwischen 25 und 35 Grad nördlich und südlich des Äquators geriet, wo fast immer Windstille herrscht, sodass es dort tage- oder gar wochenlang festsitzen konnte. Angeblich hat man in solchen Fällen die Rösser, die den größten Bedarf an Frischwasser hatten, einfach über Bord geworfen, worauf die Bezeichnung »Rossbreiten« für dieses Gebiet zurückzuführen sein soll.

Die Eroberung des Fünften Kontinents

Europäische Haus- und Nutztiere wurden nicht nur in die Neue Welt verfrachtet, sondern ebenso nach Australien, einem Kontinent, der außer Flughunden, Fledermäusen, einer kleinen Rattenart, Robben und

Beuteltieren – Kängurus, Koalas und Wombats – keine Säugetiere kannte. Und auch die Vogelwelt unterschied sich völlig von der europäischen.

Schon die alten Griechen vermuteten, dass weit im Süden ein riesiger unbekannter Kontinent liegen müsse. »Terra australis incognita« nannte Claudius Ptolemäus in seiner *Geographia* dieses hypothetische Land. Er nahm an, dass alle Meere von Land umgeben seien. Von der Antike bis ins 17. Jahrhundert hinein trugen Kartenmacher diese riesige Landmasse, die sich bis zum Südpol erstrecken sollte, in ihre Weltkarten ein, und Marco Polo erwähnte bei seiner Rückreise von China nach Venedig 1292 ein »Südland«, das reich an Gold und Muscheln sei und südlich von Java liege. Wahrscheinlich erreichten spanische und portugiesische Seefahrer schon im 16. Jahrhundert Australien und gingen dort an Land. Beweise gibt es dafür allerdings nicht. Zuletzt erregte der Journalist Peter Trickett mit seinem 2007 erschienenen Buch *Beyond Capricorn* die Gemüter. Auf der um 1545 entstandenen sogenannten Vallard-Karte seien, so Trickett, eindeutig die Ostküste sowie Teile der Südküste Australiens zu sehen. Deshalb liefere sie einen überzeugenden Beweis dafür, dass die Portugiesen unter dem Kommando von Cristóvão de Mendonça schon um 1520 Australien entdeckt hätten, also 100 Jahre vor den Holländern und sogar 250 Jahre vor James Cook. Dass er dafür die Karte in ihre Einzelteile zerlegen musste und diese so lange hin und her schob, drehte und wendete, bis er das gewünschte Ergebnis vorfand, stört Trickett nicht. Die damaligen Karten, so seine These, seien vorsätzlich verfälscht worden, um sie für eventuelle fremde Nutznießer unbrauchbar zu machen.

Historisch belegt ist jedenfalls, dass der Holländer Willem Janszoon als erster Europäer während einer von Bantam (Java) ausgehenden Entdeckungsreise im Auftrag der Ostindien-Kompanie mit der *Duyfken* 1606 an der australischen Nordküste den Fünften Kontinent betrat. Weitere Expeditionen der Niederländer in den südlichen Ozean folgten. Im Oktober 1616 erreichte die *Eendracht* unter dem Kommando von Dirk Hartog die Shark Bay im westlichen Australien, und zwischen 1626 und 1627 erforschte Peter Nuyts ungefähr 1600 Kilometer der südaustralischen Küste. Als bedeutendster holländischer Entdecker gilt Abel Tasman, der 1642 die Westküste der heute als Tasmanien bekannten Insel sichtete. Tasman taufte diese Insel nach dem Gouverneur von Niederländisch-Indien (Indonesien), der diese Expedition initiiert hatte, Van Diemen's Land. Danach drang er weiter in östlicher und nördlicher Richtung vor und entdeckte Neuseeland. Da seine Landsleute jedoch glaubten, dass diese Gebiete keine lukrativen Handelsgüter wie Gold oder Gewürze böten, nahmen sie das Land nicht in den Besitz der niederländischen Krone.

Nach den Niederländern waren es die Engländer und die Franzosen, die darum wetteiferten, den sagenumwobenen Kontinent zu entdecken. 1766 rüstete die englische Admiralität zu diesem Zweck eine Südsee-Expedition unter dem Kommando von Samuel Wallis aus. Australien fand Wallis auf seiner zweijährigen Fahrt zwar nicht, dafür am 18. Juni 1767 Tahiti. Kurze Zeit nach Wallis' Rückkehr nach England machte sich James Cook mit der *Endeavour* auf den Weg. Er gelangte bei dieser seiner ersten Weltumsegelung tatsächlich nach Australien, wo er 1770 die Botany Bay südlich des heutigen Sydney an der Ostküste entdeckte. Einige Zeit später nahm er bei einem Aufenthalt auf Possession Island im Norden die Gegend um Sydney im Namen der britischen Krone in Besitz und taufte sie auf den Namen New South Wales.

Schon bei seiner ersten wie auch bei seinen beiden folgenden Reisen brachte Cook europäische Haustiere nach Australien, Neuseeland und zu anderen ozeanischen Inseln. Als er bei seiner zweiten Reise, 1773 mit der *Resolution,* auf der Südinsel Neuseelands im Dusky Sound an Land ging, ließ er dort Gänse und Ziegen zurück. Bei seiner dritten Reise, wieder mit der *Resolution,* brachte er auch Schweine nach Neuseeland. Deren wild lebende Nachfahren werden heute noch als »Cookers« bezeichnet. Für Cook waren die Tiere, die er in Australien, Neuseeland, Tahiti und Tasmanien aussetzte, ein »Geschenk«, das die Natur der Inseln »bereicherte«. Einige Jahre später, bei seiner Fahrt mit der *Providence,* machte sich William Bligh auf die Suche nach den zurückgelassenen Schweinen und ihren potenziellen Nachfahren in Tasmanien, konnte aber keine finden. Trotzdem tat er es seinem ehemaligen Vorgesetzten Cook gleich und ließ einen Hahn und zwei Hühner aussetzen.

Einige Tiere, die die Europäer zurückließen, zum Beispiel Ratten, vermehrten sich so stark, dass sie schon wenige Jahre später zur Plage für die Bewohner geworden waren. Als William Bligh 1788 mit der *Bounty* in Tahiti vor Anker ging, erhielt er Besuch von der Königin Oberea. Diese hatte ihre Lieblingskatze dabei, ein Nachkomme der Katze, die ihr Cook bei seinem Besuch der Insel geschenkt hatte. Diese und andere Katzen hatten, so Bligh, dafür gesorgt, dass die ungebetenen Gäste – die Ratten –, die bei seinem Besuch 1777 überall gewesen waren, sich nicht mehr so stark vermehrten. Auch Johann Reinhold Forster beschreibt in *Beobachtungen während der Cookschen Weltumsegelung 1772–1775* die Rattenplage auf Tahiti. Cook ließ sich davon nicht beeindrucken. Bei seiner dritten Weltumsegelung steuerte er die *Resolution* so nahe wie nur möglich ans Ufer, in der Hoffnung, dass wenigstens ein Teil der an Bord befindlichen Ratten das Schiff verlassen würden.

Andere Tiere sollten nicht als »Geschenk« die Natur bereichern, sondern der Eroberung des Fünften Kontinents dienen. Am 13. Mai 1787 verließ eine Flotte mit sechs Sträflingstransportern, drei Proviant- und zwei Marineschiffen den Hafen von Portsmouth Richtung Australien. Dort, so weit wie möglich entfernt vom Heimatland, wollte die britische Regierung eine Sträflingskolonie, die erste englische Kolonie in Terra australis incognita, errichten. An Bord befanden sich – neben der 550 Mann starken Besatzung aus Seeleuten und Soldaten – knapp 800 Strafgefangene, darunter fast 200 Frauen. Die *Sirius*, das Flaggschiff, war das größte der elf Schiffe, die insgesamt ziemlich klein und stark überladen waren. So standen jeder Person weniger als eineinhalb Tonnen Schiffsraum zur Verfügung. Vier Sträflinge mussten sich eine Liegefläche von ungefähr 2,10 mal 1,80 Meter teilen, und das in Räumen, in denen kein aufrechtes Stehen möglich war.

Über Teneriffa, wo bei einem kurzen Aufenthalt frische Vorräte an

Bord genommen wurden, segelte die Flotte unter Ausnutzung des Nordostpassats über den Atlantik nach Rio de Janeiro, das sie am 6. August 1787 erreichte. Nach einem Monat Aufenthalt verließen die Schiffe Südamerika Richtung Kap der Guten Hoffnung. Hier, beim letzten Zwischenstopp vor der langen Überfahrt nach Australien, wurden neben frischen Lebensmitteln und Wasser 500 Tiere an Bord genommen, darunter fünf Hauskaninchen, sieben Pferde, 28 Schweine, zwei Bullen und sechs Kühe, 24 Schafe, Ziegen und verschiedene Geflügelarten. Sie sollten als Grundstock für den Aufbau der Landwirtschaft in der neuen Kolonie dienen. Alle weiblichen Strafgefangenen, die bisher auf der *Friendship* untergebracht gewesen waren, wurden auf die anderen Schiffe aufgeteilt, um Platz für die Schafe zu schaffen. Die übrigen Tiere wurden auf die drei Transportschiffe verteilt. Am 12. November 1787 stach die Flotte für die letzte Etappe nach Australien in See.

Nach 77 Tagen ging die *Supply,* eines der beiden Marineschiffe, in der Botany Bay vor Anker. Die anderen legten innerhalb der nächsten drei Tage an. Da man den dortigen Landstrich als ungeeignet für die Errichtung einer Kolonie ansah, da man kein Frischwasser fand, segelte die Flotte entlang der Küste nach Norden. Schließlich landete sie nach insgesamt über 15 000 Seemeilen am 26. Januar 1788 in der Bucht von Port Jackson, die der Kommandeur der Flotte, Kapitän Arthur Phillip, als »einen der besten Häfen der Welt« bezeichnete. Hier wurde die erste englische Siedlung auf dem Fünften Kontinent, das heutige Sydney, errichtet. Die Verluste an Tieren während der langen Überfahrt waren erstaunlich gering, die schlechte Versorgungslage an Land führte jedoch dazu, dass viele in den nächsten Monaten geschlachtet werden mussten. Im November 1790 gab es auf der Regierungsfarm, dem zentralen Ort der Kolonie, weder Schafe noch Rinder oder Pferde. Zwar gelangten mit zwei weiteren Flotten (1791 und 1792) wieder Tiere in die Kolonie, doch man benötigte zum Aufbau der Landwirtschaft eine weit größere Anzahl, insbesondere mehr Kühe und Schafe.

In den nächsten Jahren – Händler und Kaufleute hatten inzwischen Port Jackson als Handelsplatz entdeckt – liefen immer wieder Schiffe mit lebender Fracht den Hafen an. Sie kamen zum größten Teil aus Indien, Bombay oder Kalkutta, da die Fahrt von dort nach Australien erheblich kürzer war. Doch selbst auf dieser kurzen Route gab es große Verluste. 1793 erreichten auf der *Shah Hormuzear* unter Kapitän William Bampton nur 110 von mehr als 220 Schafen Port Jackson, und auch ein großer Teil der anderen Tiere wie Kühe, Pferde und Schweine überlebte die acht Wochen lange Fahrt von Kalkutta aus nicht. Nur 36 Rinder kamen bis 1793 lebend an ihr Ziel, während mehr als 100 unterwegs verendeten. Neben der Enge der Ställe und dem Mangel an frischem Wasser war die Umstellung der Ernährung auf für die Tiere ungewohntes Trockenfutter dafür verantwortlich. Zwei Jahre später gelang es Bampton mit der *Endeavour,* 132 Rinder von Bombay nach Port Jackson zu bringen; nur ein einziges ging während der Überfahrt verloren. Die Tiere wurden mit Unterlagen und Decken versorgt, dauernd gesäubert, regelmäßig gefüttert und erhielten ausreichend Wasser. Außerdem wurde das Deck gut gelüftet. In den folgenden Jahren trafen immer mehr Tiere sowohl vom Kap der Guten Hoffnung als auch aus Indien in Australien ein. Sie wurden entweder zum Ausbau der Regierungsfarm herangezogen oder gelangten in den Besitz von Siedlern, die mit ihnen ins Innere des Kontinents vordrangen, um dort Farmen aufzubauen.

An Bord der *Apolline,* die am 12. Oktober 1840 im Hafen von Adelaide in Südaustralien vor Anker ging, befand sich ein dort völlig unbekanntes Tier: ein Kamel. Henry Watson Phillip hatte in Teneriffa neun Dromedare erworben, von denen einige (vier oder sechs) mit der *Apolline* nach Australien gebracht werden sollten, doch nur Harry, so hieß der Einhöcker, hatte die Fahrt überlebt. Die nächsten beiden Kamele landeten, ebenfalls von Teneriffa kommend, an Bord des englischen Handelsschiffes *Calcutta* im Dezember 1840 in Hobart, Tasmanien. Von dort aus brachte man die Tiere per Schiff nach Melbourne, wo sie als besondere Attraktion auf dem Jahrmarkt gezeigt wurden. Hier kam auch ein Jungtier auf die Welt, das erste in Australien geborene Kamel. Zwei weibliche Dromedare, sie stammten aus dem Oman, erreichten

1841 über Indien den Fünften Kontinent. Erst fast zwanzig Jahre später, 1859, gelangte an Bord der *Malta* aus Aden kommend eine größere Gruppe nach Australien, nach Melbourne. Zunächst wurden die sechs »Wüstenschiffe« als exotische Ausstellungsstücke in einer Menagerie vorgeführt, bevor das Victorian Exploration Committee sie aufkaufte.

Die nächsten Kamele, 24 an der Zahl, waren an Bord der *Chinsurah*, die am 13. Juni 1860 aus Karachi in Begleitung mehrerer einheimischer Kamelführer im Hafen von Melbourne anlandete. George James Landells hatte sie im Auftrag des Victorian Exploration Committee im September 1859 in Lahore, Indien, erworben. Sie sollten als Reit- und Lasttiere bei der Expedition von Burke und Wills dienen, die den Kontinent von Süden nach Norden durchqueren wollten. Um nach Australien zu gelangen, hatte Landells mit den Tieren zuerst den Weg von Lahore nach Karachi zu Fuß zurücklegen müssen, das waren immerhin fast tausend Kilometer. In Karachi hatte er erhebliche Schwierigkeiten, ein Schiff zu chartern. Erst gegen Ende März 1860 konnten Mensch und Tier ihre Reise über den Indischen Ozean Richtung Australien fortsetzen. Die 20-köpfige Expedition von Burke und Wills, die im August desselben Jahres mit 26 Kamelen und 20 Pferden in Melbourne startete, endete in einem Desaster. Lediglich vier Männer, sechs Kamele und ein Pferd erreichten im Februar 1861 die Nordküste von Queensland, den Rückweg überlebte nur ein einziger Mann, keines der Tiere. Er wurde von einer Suchexpedition ausgehungert, aber lebend bei den Aborigines gefunden.

Im Januar 1866 kam der nächste große Kameltransport nach Australien. Die *Blackwell* brachte 121 Tiere von Karachi nach Port Augusta in Südaustralien. Begleitet wurden sie von 31 Kamelführern, den »Afghans« oder »Ghans«. Obwohl fast die Hälfte der Tiere kurze Zeit später an Räude, einer Milbenerkrankung, einging, gründete Sir Thomas Elder mit ihnen das erste Kamelgestüt in Australien, die Beltana Station. Tiere dieses Gestüts wurden in den nächsten Jahrzehnten bei allen großen Bauprojekten als Arbeitstiere herangezogen, etwa für den Bau der Telegrafenleitung über Land, die Anfang der 1870er-Jahre zwischen Adelaide und Darwin verlegt wurde. Die Masten, andere Baustoffe und alle Versorgungsgüter wurden mit »Camel Trains« transportiert. Von Darwin aus sollte zudem ein Unterwasserkabel über Java und Indien nach England führen und Australien direkt mit dem Mutterland verbinden.

In den folgenden Jahrzehnten wurden, da die eigene Zucht nicht ausreichte, weitere Kamele aus Indien, Pakistan und Nordafrika nach Australien verschifft – bis 1907 ungefähr 12 000. Viele von ihnen wurden zur Versorgung der Gold- und Diamantenminen eingesetzt, andere beim Bau der großen Bahnlinien und Zaunsysteme, die die Ausbreitung verschiedener Tiere wie Wildkaninchen, Kängurus oder Dingos verhindern sollten. Die Erschließung Australiens wäre ohne die zähen Lasttiere gar nicht möglich gewesen. Mit der Übernahme des Transports durch Güterzüge und Lastwagen wurden die Kamele jedoch ab den 1920er-Jahren entbehrlich, und ganze Herden wurden einfach freigelassen. Die anpassungsfähigen und genügsamen Tiere vermehrten sich rasant, und heute bevölkert etwa eine Million wilder Kamele – die weltweit größte Population – das staubige Hinterland des roten Kontinents. Alle acht Jahre verdoppelt sich ihre Zahl. Sie bedrohen die heimische Fauna, fressen oder zertrampeln die spärliche Vegetation und richten bei der Wasserversorgung schwere Schäden an. Auf der Suche nach Wasser und Nahrung fallen ganze Horden sogar in Ortschaften ein.

2009 hat die australische Regierung daher – trotz weltweiter Proteste vieler Tierschützer – ein Abschussprogramm beschlossen, und Tausende Tiere wurden seither getötet. Schätzungen einiger Wissenschaftler gehen jedoch davon aus, dass die Population um mindestens weitere 400 000 Tiere vermindert werden müsste, um das Problem zu entschärfen. Eine Lösung wird in der Nutzung der Tiere als Fleischlieferant gesehen. Zwar wird in Australien kein oder nur wenig Kamelfleisch verzehrt, doch gibt es Länder, in denen es als Proteinquelle geschätzt wird. Deshalb könnte der Export einen Ausweg bieten. Der Transport der Tiere aus dem Hinterland Australiens an die Küste ist allerdings aufwendig und teuer, und auch ihr Weitertransport mit dem Schiff, ob als lebende

Fracht oder als tiefgekühltes Fleisch, schlägt zu Buche. Davon abgesehen haben die meisten zum Tiertransport verwendeten Schiffe eine zu geringe Deckhöhe für die weit über zwei Meter hohen Tiere.

Die Fliegen des weißen Mannes

Summm, summm, summm,
Bienchen, summm herum!
Ei, wir tun dir nichts zuleide,
Flieg nur aus in Wald und Weide!
Summm, summm, summm,
Bienchen, summm herum!

Kinderlied,
August Heinrich Hoffmann von Fallersleben, 1843

In der Neuen Welt, auf dem Fünften Kontinent und in Neuseeland waren Honigbienen unbekannt. Erst die Europäer brachten die nützlichen Tiere mit. Zu Beginn des 17. Jahrhunderts überquerten sie von England aus den Atlantik. Wahrscheinlich gelangten die ersten zu den Bermudas. Nachdem die *Sea Venture,* das Flaggschiff der Londoner Virginia-Kompanie, 1609 vor St. George's Schiffbruch erlitten hatte, nahm die Kompanie die Insel in ihren Besitz und sandte 1612/13 Siedler dorthin. Unter ihnen befand sich Robert Rich, der regelmäßig an seinen Bruder in London, Sir Nathaniel Rich, Briefe schrieb. Am 25. Mai 1617 teilte er ihm mit, dass die Bienen, die er von ihm erhalten habe, sich gut entwickelten.

Nach Nordamerika, genauer gesagt, an die Ostküste, kamen Bienen erst 1622. Bienenstöcke waren neben diversen Samen, Obstbäumen, Schweinen und Kaninchen Teil einer Ladung, die im Auftrag der Virginia-Kompanie von London nach Virginia gebracht wurde. Die Dunkle Europäische Biene *(Apis mellifera mellifera),* eine nordeuropäische Bienenrasse, hatte keine Schwierigkeiten mit dem nordamerikanischen

Klima und vermehrte und verbreitete sich rasch, weshalb, so Thomas Jefferson in seiner berühmten Schrift *Notes on the State of Virginia,* die Indianer sie »Fliegen des weißen Mannes« nannten. Einerseits führten die immer weiter westwärts ziehenden Siedler Bienenstöcke auf ihren Trecks mit, andererseits schwärmten die Tiere aus und bauten neue Kolonien auf.

An die amerikanische Westküste gelangten Honigbienen erst mehr als 200 Jahre später. Da die Rocky Mountains und die Sierra Nevada eine natürliche Barriere darstellten, die die Bienen nicht überwinden konnten, mussten sie wie ihre Vorfahren auf dem Seeweg transportiert werden. Der allerdings führte um Kap Hoorn herum. Noch in den 1850er-Jahren dauerte eine solche Reise, während deren die Schiffe zweimal tropische Gewässer und mehrere Klimazonen durchqueren mussten, im Durchschnitt 13 bis 14 Wochen. Deshalb wählte man einen anderen Weg: Die Bienen wurden von New York aus mit einem Schiff nach Aspinwall (dem heutigen Colón in Panama) gebracht. Von hier wurden die Bienenstöcke auf dem Rücken einheimischer Träger über den Isthmus von Darién (Isthmus von Panama) zum Pazifik transportiert, wo sie wieder auf Schiffe verladen wurden, die Richtung Norden segelten. Durch diesen Fußmarsch entfiel die beschwerliche Umrundung der Südspitze Südamerikas, und die gesamte Reise wurde um mehrere Wochen verkürzt. Trotzdem überlebte von zwölf Bienenvölkern, die 1853 auf diesem Weg nach Kalifornien gebracht werden sollten, nur eines. Wirklich erfolgreich waren erst die ab 1857 durchgeführten Transporte. Man verwendete speziell angefertigte Kisten, die eine gute Durchlüftung ermöglichten, um die Tiere besser vor der tropischen Hitze zu schützen, die das Wachs der Waben zum Schmelzen brachte. Außerdem war der Weg über den Isthmus mittlerweile bequemer und schneller geworden, da am 28. Januar 1855 die Panama Railroad ihren Betrieb über die Landenge aufgenommen hatte. Vier Stunden dauerte die Fahrt von Aspinwall am Atlantik ins 76 Kilometer entfernt gelegene Panama City am Pazifischen Ozean. Von dort aus ging die Fahrt mit Schiffen über San Francisco nach Sacramento. Der erste dieser Transporte, bei dem 50 von 75 Bienenvölkern überlebten, dauerte gerade einmal 27 Tage.

Bevor europäische Bienen Kalifornien erreichten, waren sie bereits im australischen Tasmanien und in Neuseeland heimisch. Auf britischen Sträflingsschiffen – der *Isabella,* die im März 1822 Port Jackson (Sydney) erreichte, und der *Phönix* (1824) – waren die ersten Bienenvölker dorthin gelangt. Die Reise der *Isabella* aus Cork in Irland nach Australien hatte mehr als 125 Tage gedauert, während die *Phönix* für ihre Fahrt von Portsmouth nach Hobart mit einem Zwischenstopp in Teneriffa 114 Tage unterwegs war.

1842 beschrieb William Charles Cotton, der als anglikanischer Priester und Bienenzüchter einige Jahre in Neuseeland lebte, in *My Bee Book* verschiedene Methoden, wie Bienen solche Reisen ohne größeren Schaden überstehen könnten. Er schlug vor, den Bienenstock zu kühlen, um die Tiere länger in ihrer »Winterruhe« zu halten. Dazu sollten die Bienenkörbe in Fässern, die zum Teil mit Eis gefüllt waren, transportiert werden. Eine andere Methode sah vor, die Bienenkörbe in doppelwandigen Zinkkästen zu befördern, die am Heck des Schiffes befestigt werden sollten und in denen Wasser zirkulierte. Ob diese Methoden jemals angewandt wurden und ob sie funktionierten, ist leider nicht überliefert.

Im August 1851 fand auf O'ahu, einer der acht Hauptinseln des Hawaii-Archipels, das erste Treffen der Royal Hawaiian Agricultural Society statt. Es wurde ein Komitee gegründet, das die Aufgabe hatte, den Import von Bienen nach Hawaii voranzutreiben. Zu diesem Zweck setzte das Komitee eine Belohnung für denjenigen aus, der die ersten Honigbienen auf die Inseln bringen würde. Die ersten Versuche, Bienen aus Boston, New England, nach Hawaii zu senden, schlugen jedoch fehl. Das warme Wetter im Südatlantik Richtung Kap Hoorn brachte 1851 auf der *R. B. Forbes* die Honigwaben zum Schmelzen, und alle Bienen verendeten. Auch der nächste Vorstoß knapp zwei Jahre später scheiterte. Das Schiff geriet im Atlantik in der Nähe des Äquators in eine Windstille, und am Kap Hoorn hatte man mit schlechtem Wetter zu kämpfen, weshalb die Überfahrt 150 Tage dauerte. Bei der Ankunft musste man feststellen, dass sich die Bienenmotte in den Stöcken ausgebreitet hatte und die meisten Bienen tot waren. Die noch lebenden Tiere gingen kurze Zeit später ein. Erst 1857 war ein Transport nach Hawaii von Erfolg gekrönt. Er kam jedoch nicht aus New England, sondern aus Kalifornien. Diese Seereise dauerte nur 18 Tage, und die drei Bienenstöcke erreichten Honolulu in gutem Zustand.

Um Rotklee zu bestäuben, benötigt man Hummeln. Diese Erfahrung machten auch die ersten Siedler in Australien und Neuseeland. Ihr aus England mitgebrachter Klee, eine der wichtigsten Futterpflanzen, produzierte keinen Samen und musste immer wieder importiert werden. Charles Darwin beschrieb die Bestäubung von Rotklee durch Hummeln bereits 1859 in *Die Entstehung der Arten,* und er soll es auch gewesen sein, der die Einführung von langrüsseligen Hummeln in Neuseeland vorschlug. Die ersten Transportversuche schlugen jedoch allesamt fehl, denn die Hummeln verendeten, noch bevor sie Neuseeland erreichten. Im Dezember 1884 wurden 282 Hummelköniginnen, die sich im Winterschlaf befanden, an Bord der *Tongariro* gebracht; das war eines der ersten Dampfschiffe, die eine Kühlanlage an Bord hatten. Von London aus ging die Reise über Madeira, Kapstadt und Hobart nach Wellington. Hier wurden die Hummeln auf einen Küstendampfer geladen, der sie zur Zuchtstation der Canterbury Acclimatization Society brachte, die sie am 8. Januar erreichten. 48 Tiere hatten die Reise überlebt. Ein Jahr später erfolgte der nächste Transport, bei dem 49 von 260 Hummeln die Fahrt gut überstanden. Die Tiere breiteten sich so schnell aus, dass man 1886 Hummelnester schon in einer Entfernung von 100 Meilen südlich, 86 Meilen westlich und 55 Meilen nördlich der Zuchtstation fand.

Tiere als Fleischlieferanten

Englands früher Fleischhunger

Ähnlich wie die Kamele Australiens, die sich nach ihrer Auswilderung massenhaft vermehrten und das australische Hinterland eroberten, nahmen die von den Spaniern im 16. Jahrhundert ins Land gebrachten Rinder die argentinische Pampa in Besitz. Um 1870 herum grasten dort mehr als 13 Millionen Nachkommen der spanischen Langhornrinder. In Nordamerika breiteten sich die Rinderherden nach 1685 von Mexiko kommend über Texas aus, und nach 1870 weideten sie auf den Prärien von Kalifornien bis ins nördliche Oregon hinein und in den Great Plains, einem Gebiet, das halb so groß ist wie Westeuropa. Hier hatten zuvor riesige Bisonherden gegrast, die man jedoch rücksichtslos abgeschlachtet hatte, nicht zuletzt, um für weitere Rinder Platz zu schaffen.

Der Hunger nach Fleisch, und insbesondere nach Rindfleisch, war zu dieser Zeit nirgendwo größer als in England. Hier kamen hauptsächlich Tiere aus Schottland und Irland auf den Markt. Der Ausbruch der Rinderpest in den 1860er-Jahren dezimierte jedoch deren Herden und verknappte und verteuerte somit die Ware in England erheblich. Neue Lieferanten wurden gesucht, um die weiter steigende Nachfrage zu befriedigen. In Nord- und Südamerika fand man die Lösung des Problems. Durch den Einsatz von Dampfschiffen, die über höhere Ladekapazitäten verfügten und deren Reisegeschwindigkeit weit höher lag als die von Segelschiffen, schien der transatlantische Rindertransport möglich.

1868 verschiffte der amerikanische Viehhändler Nelson Morris versuchsweise einige Rinder von New York nach Großbritannien. Der nächste Anlauf wurde erst fünf Jahre später unternommen, als die Glasgower Firma John Bell & Sons sechs Rinder nach England transportierte. Die Tiere erreichten ihr Ziel in einem guten Zustand und brachten dem Importeur einen satten Gewinn. Diese Reise kann als Startschuss des transatlantischen Rindertransports angesehen werden, der in den folgenden Jahren enorm zunahm. Zwischen 1890 und 1910 gelangten jährlich im Durchschnitt fast 355 000 Rinder aus Amerika nach Großbritannien. Im Vergleich zum Gesamtimport – 1893 beispielsweise über 2,6 Millionen – hatten die Lieferungen aus Übersee jedoch nur einen untergeordneten Stellenwert. Nahezu 85 Prozent der Tiere kamen immer noch aus Irland.

In der Anfangsphase überquerten die Rinder in ungeschützten, offenen Ställen auf dem Oberdeck den Atlantik Richtung London, Liverpool oder Glasgow. Sie wurden zwar von einem eigens dafür abgestellten Schiffssteward versorgt, doch bei Sturm spülten die Wellen immer wieder mal Tiere über Bord. Deshalb ging man dazu über, sie im Zwischendeck unterzubringen. Ein typisches Frachtschiff auf der Atlantikroute beförderte um 1880 zwischen 300 und 500 Rinder. Nicht allein, dass viele der Schiffe nur bedingt für den Transport der Tiere geeignet waren, sparte man zudem oft an Futter und Wasser, da dies im Frachtpreis enthalten war. Der allerdings fiel kontinuierlich von sieben Pfund pro Tier um 1870 auf ungefähr dreißig Shilling nach der Jahrhundertwende. Große Profite waren damit nicht mehr zu erzielen. Die unzureichenden Bedingungen an Bord, Sturm und hoher Seegang sowie der Mangel an Futter und Wasser führten oftmals dazu, dass nur eines von je zehn Tieren lebend einen britischen Hafen erreichte. Presseberichte über gravierende Fälle weckten ein starkes öffentliches Interesse. In der Folge stieg der Druck auf die zuständigen staatlichen Instanzen, die sich gezwungen sahen, strengere Transportvorschriften zu erlassen. Seit den 1890er-Jahren traten nicht nur in Großbritannien Bestimmungen in Kraft, die die Anzahl der Tiere in Abhängigkeit von der Größe des Schiffes sowie ihre Unterbringung und Versorgung regelten. Kontrollen in den Häfen wurden eingeführt, doch inwieweit die Bestimmungen wirklich umgesetzt wurden, ist fraglich, denn bis heute werden Tiertransporte über weite Distanzen unter unvorstellbaren Bedingungen durchgeführt.

Die Odyssee der Tiere von heute

Millionen Tiere werden heutzutage über den Ozean verschifft, meist in Länder des Mittleren Ostens wie Saudi-Arabien, Kuwait, Jordanien und den Libanon, da hier die Nachfrage nach lebender Fleischware besonders groß ist. Indonesien, die Philippinen und Malaysia sind weitere wichtige Abnehmer im internationalen Lebendviehhandel. Allein Australien exportierte 2006 mehr als vier Millionen Schafe und fast 600 000 Rinder. Brasilien gilt als größter Rinderexporteur, und auch aus Argentinien, Uruguay und Mexiko gelangen Tiere in den Nahen und Mittleren Osten. Um diese Mengen zu transportieren, bedarf es riesiger Schiffe: Einige verfügen über ein Fassungsvermögen von annähernd 25 000 Rindern oder 135 000 Schafen.

Am 17. Dezember 2009 kenterte bei stürmischer See vor der libanesischen Küste, 20 Kilometer von der Hafenstadt Tripolis entfernt, ein Frachtschiff. Neben den gut 80 Besatzungsmitgliedern waren 28 000 Tiere – 10 000 Schafe und 18 000 Rinder – an Bord. Das Schiff befand sich auf dem Weg von Montevideo in Uruguay nach Tartus in Syrien. Mehr als 50 Menschen konnten von zwei Schiffen der deutschen Marine, die im Auftrag der UN-Friedenstruppe dort ihren Dienst versahen, gerettet werden, die Tiere aber ertranken. Den weltweiten Nachrichten war dies meist nur einen Nebensatz wert, während die Odyssee der *Cormo Express* im Sommer 2003 noch für weltweites Aufsehen und Proteste gesorgt hatte. Das Schiff startete seine Fahrt am 5. August 2003 in Fremantle in Westaustralien und erreichte den Hafen von Jeddah am 21. August. Dort verweigerten die saudi-arabischen Inspekteure die Anlandung mit Hinweis auf einen angeblichen Krätzebefall an Bord. In der Folge kreuzte die *Cormo Express* mehr als zwei Monate lang mit fast 58 000 Schafen als Ladung im Arabischen Meer und im Roten Meer. Kein Staat des Mittleren Ostens ließ sie anlegen. Mehr als 5500 Tiere starben, bevor der Rest Ende Oktober in Eritrea das Schiff verlassen konnte. Ursprünglich als Autotransporter mit elf geschlossenen Decks gebaut, gab es auf der *Cormo Express* erhebliche Probleme mit der ausreichenden Belüftung der Räume, in denen die Schafe untergebracht waren – und das bei einer Gluthitze von über 37,5 Grad Celsius in der Golfregion.

Proteste und ihre weltweite Resonanz führten dazu, dass die australische Regierung den Transport von Lebendvieh für zwei Jahre aussetzte und strikte Auflagen – sie gelten als die strengsten der Welt – für den Schiffstransport von Tieren einführte. Über jede Beförderung muss penibel Buch geführt werden. Die Anzahl der Tiere im Verhältnis zur Größe des Schiffes, die Versorgung während der Fahrt und die Beschaffenheit der Boxen wurden genau festgelegt. Bei Transporten von Schafen muss ein Tierarzt an Bord sein. Liegt die Sterberate während einer Fahrt über zwei Prozent, führt die Aufsichtsbehörde eine Inspektion durch. Ob jedoch die gesetzlichen Bestimmungen wirklich konsequent umgesetzt werden, steht dahin, da zum Beispiel der begleitende Tierarzt oftmals ein Angestellter des Exporteurs ist.

Von Europa aus stechen ebenfalls Tiertransporte in See, obwohl die zuständige EU-Kommission Ende 2005 die Exportsubventionen für Schlachtrinder gestrichen hat. Jährlich werden Tausende von Tieren nicht nur quer durch die EU, sondern auch über das Mittelmeer nach Afrika transportiert. Tierschutzorganisationen machen zwar immer wieder auf die unhaltbaren Zustände insbesondere beim Ver- und Entladen der Tiere sowie an Bord der Schiffe aufmerksam, bislang allerdings ohne großen Erfolg.

Der Eisboom

Eine Alternative zur oft qualvollen Beförderung von Schlachttieren ist der Transport von Fleisch. Bis zur Entwicklung der modernen Kühltechnik waren dem Handel mit Lebensmitteln über weite Entfernungen, ob nun Fleisch, Fisch, Obst oder Gemüse, allerdings Grenzen gesetzt – es sei denn, sie waren durch die verschiedensten Formen der Konservierung haltbar gemacht worden. Bereits die Phönizier, die Ägypter und später die Römer des klassischen Altertums salzten Fische ein und trieben im Mittelmeerraum einen schwunghaften Handel mit ihnen. Die bekanntesten Beispiele sind sicherlich der Salzhering und der Stockfisch, die durch die Jahrhunderte über große Distanzen gehandelt wurden, bevor sie den Verbraucher erreichten. Andere Lebensmittel wurden gepökelt, geräuchert oder gedörrt – und, wo es die klimatischen Bedingungen erlaubten, gekühlt.

Im alten Ägypten, in Indien, China und bei den Inkas schützte man empfindliche Waren, indem man sie in Gruben legte, die mit Eis und Schnee gefüllt waren und mit Stroh isoliert wurden. Während der römischen Kaiserzeit wurden Schnee und Eis sowohl zur Konservierung als auch bei den Mahlzeiten zur Kühlung der Getränke am Tisch der Reichen verwendet. Im Florenz der Medici gab es in den Boboligärten beim Palazzo Pitti große Eiskeller, in denen Schnee aus den Bergen und Eis aus den Teichen und Flüssen gelagert wurden. Im Sommer kühlte man damit Wein, Wasser und Früchte oder stellte daraus Sorbets und Speiseeis her. Besonders beliebt war Zitroneneis sowie Eis mit Zimt oder anderen exotischen Gewürzen und mit Zucker gesüßt. Der Schnee wurde teilweise über große Entfernungen aus den Alpen oder dem Apennin in Stroh verpackt auf dem Rücken von Maultieren transportiert. Neapel wurde während der Sommermonate zu Beginn des 19. Jahrhunderts regelmäßig mit Eis vom Vesuv versorgt. In Amerika hatte sich seit Ende des 18. Jahrhunderts eine große Natureisindustrie entwickelt, die vor allem kommerzielle Betriebe, Brauereien, Molkereien, Schlachthäuser, Fleisch- und Fischhändler, Restaurants und Hoteliers belieferte.

Später folgten in größeren Städten die privaten Haushalte, und schließlich wagte man den Sprung über das Meer.

Am 13. Februar 1806 verließ die Brigg *Favorite* den Hafen von Boston Richtung Martinique: An Bord hatte sie 130 Tonnen Eis, große Blöcke Natureis, die aus den zugefrorenen Seen rund um Boston stammten. Der erst 22-jährige Frederick Tudor – einige Jahre später nannte man ihn nur noch den »Eis-König« – war der Organisator dieser ungewöhnlichen Fahrt. Am 5. März erreichte das Schiff seinen Zielhafen St.-Pierre, und Tudor ließ sofort Flugblätter verteilen, auf denen seine ungewöhnliche Ware angeboten wurde. Es gelang ihm zwar, Käufer zu finden, doch die meisten von ihnen, so Tudor in einem Brief an seinen Bruder, konnten mit der Ware nicht umgehen. Sie trugen das Eis in der Sonne nach Hause, legten es einfach vor die Haustür oder in eine Kiste mit Wasser und wunderten sich, dass es schmolz. Dieser erste Eistransport und ebenso die folgenden Fahrten nach Kuba, Jamaika und zu den amerikanischen Südstaaten brachten Tudor hohe Verluste ein. Erst nachdem er in den Häfen Kühlhäuser bauen ließ und Eisschränke anbot, wurde das Geschäft rentabel. In der Anfangszeit wurde das Eis mit Äxten aus den Seen geschlagen, später teilte man die Eisfläche mithilfe eines speziell konstruierten Pfluges in rechteckige Felder, um gleichmäßige Blöcke herauszuschneiden: eine perfekt genormte Stapelware für Lagerhäuser, Transportwaggons und Schiffsräume. Ein Mitarbeiter von Tudor, Nathaniel Wyeth, der als Erfinder des »Eisschneidens« gilt, ließ sich diese Methode 1825 patentieren.

Ab 1833 gingen die Schiffe Tudors mit ihrer problematischen Ladung auf große Fahrt: Sie brachten Eis nach Indien. Am 6. September 1833 lief die *Tuscany* in den Hafen von Kalkutta ein. Sie war im Mai mit 180 Tonnen Eis an Bord zu ihrer Reise, bei der sie zweimal den Äquator passieren musste, ausgelaufen. Tudor hatte besondere Vorkehrungen getroffen und dort, wo das Eis gelagert wurde, einen doppelten Boden verlegen lassen, der mit Schlacke gefüllt war; die Seitenwände waren in gleicher Weise isoliert. Außerdem wurden die Eisblöcke vor dem Verschiffen glatt gehobelt, um die Oberfläche zu verringern. Nur 55 Tonnen Eis schmolzen während der vier Monate langen Fahrt. Später wurden auch Bombay und Madras mit Eis beliefert. Käufer waren hauptsächlich die in Indien lebenden englischen Kolonialbeamten, die unter den klimatischen Bedingungen litten und sich nun an eisgekühlten Getränken laben konnten. Die Einheimischen bestaunten die durchsichtigen, kalten Kristallblöcke und fragten angeblich, ob das Eis an Bäumen oder Sträuchern wachse.

Eis wurde bei den Engländern in Indien so beliebt, dass für den Import keine oder nur erniedrigte Einfuhr- und Hafengebühren bezahlt werden mussten. Die ankommenden Schiffe erhielten die besten Ankerplätze, und die Ladung durfte sogar bei Nacht gelöscht werden. Rudyard Kipling hat in *Der Leichenbestatter* das Entladen der Schiffe und den Transport der Eisblöcke in das Kühlhaus beschrieben. »›Aus dem Inneren des Bootes brachten sie große Stücke eines weißen Stoffes heraus, die nach einer Weile zu Wasser wurden; viel splitterte ab und fiel auf das Ufer; den Rest trugen sie schnell in ein Haus mit dicken Mauern. Ein Schiffer nahm ein großes Stück davon, nicht größer als ein kleiner Hund, warf es mir zu und lachte dabei. Ich – mein ganzes Volk schlingt hinunter ohne Nachdenken – ich verschluckte das Stück nach unserer Gewohnheit. Gleich darauf wurde ich von einer furchtbaren Kälte gepackt, oben im Kopf fing es an und ging hinunter bis in die äußerste Zehenspitze, so kalt, dass mir die Sprache wegblieb.‹ [...] Der Adjutant hatte sein Bestes getan, um die Gefühle zu beschreiben nach Verschlingen eines sieben Pfund schweren Eisklumpens, der ihm aus einem amerikanischen [...] Schiff zugeworfen worden war in den Tagen, als Kalkutta noch nicht Maschineneis herstellte.«

Der Eishandel hatte mit Indien noch nicht seine letzte Station erreicht. Um 1856 umfasste er den ganzen Globus. Eis aus der Umgebung von Boston wurde auf Segelschiffen nach England, in die Karibik, nach Südamerika (Lima, Santiago de Chile und Valparaíso), an den Persischen Golf, nach Südostasien (Hongkong und Manila) sowie Australien transportiert. Über ein Dutzend verschiedener Unternehmen betrieben mittlerweile den Eishandel. 1872, auf dem Höhepunkt dieses Geschäfts, brachten sie insgesamt 225 000 Tonnen Eis aus Boston in die entferntesten Winkel der Welt. Für etliche Schiffseigner wurde der Transport von Eis zu einem rentablen Geschäft. Viele der Schiffe, die den Hafen von Boston anliefen, um dort ihre Fracht zu löschen, verließen ihn ohne neue Ware. Um die Stabilität der Schiffe während der Rückreise zu gewährleisten, mussten sie Steine oder anderes Material als Ballast aufnehmen. Das war eine teure Angelegenheit. Luden sie hingegen Eis als Ballast, erhielten sie sogar eine – wenn auch nur geringe – Frachtgebühr.

Besonders beliebt war das Eis des Wenham Lake, ungefähr zwanzig Meilen nordöstlich von Boston gelegen. Im Juli 1844 gelangte zum ersten Mal Eis von diesem kleinen See nach England. Dank einer cleveren Marketingstrategie und einer ausführlichen Berichterstattung in der englischen Presse avancierte es zum »Must-Have« und durfte auf keiner Dinnerparty und keinem Bankett mehr fehlen. Es wurde als besonders rein und klar beschrieben. Queen Victoria soll von diesem Eis so beeindruckt gewesen sein, dass sie darauf bestand, es jederzeit zur Verfügung zu haben.

Doch wie konnte man Eis über solch weite Strecken transportieren? Die Fahrt von Boston nach Kalkutta beanspruchte meist mehr als 100 Tage, der Rekord lag bei 86. Nach Bombay benötigten die Schiffe noch länger, während sie nach Liverpool in der Regel nur um die 30 Tage brauchten. Doch jede Fahrt war für die Kapitäne ein Wettlauf gegen die Zeit. Je länger die Reise dauerte, umso größer war der Verlust an Ladung und damit an Gewinn. Und umso gefährlicher wurde zudem die Fahrt, denn das Schmelzwasser musste aus dem Schiffsrumpf gepumpt werden, wodurch Ballast fehlte und sich die Stabilität der Schiffe veränderte. In der Anfangszeit wurde das Eis in großen Bretterkisten mit Stroh oder Heu als Dämmmaterial mehr oder weniger luftdicht verpackt. Später ging man dazu über, die Blöcke dicht an dicht wie ein Mauerwerk aufzustellen. Dadurch verkleinerte sich die Oberfläche, die Kontakt nach außen hatte, erheblich. Hobel- und Sägespäne dienten zur Isolation. Für eine Ladung von 2000 Tonnen Eis benötigte man allein 700 Kubikmeter Späne. Vor dem Eisboom galten Hobel- und Sägespäne als Abfall, nun brachten sie den Sägemühlen einen satten Gewinn. Für die Schiffe bedeutete das gut brennbare Isoliermaterial jedoch höchste Gefahr.

Fire or Ice – so lautete der Titel einer Story, die im Januar 1910 in der *Bangor Daily News* in Erinnerung an den kurz davor verstorbenen Horace Atwood publiziert wurde. 1872 transportierte die *Montana,* ein schneller Klipper mit 26 Mann Besatzung unter ihrem Kapitän Horace Atwood, im Auftrag der Tudor Ice Company Eis von Boston nach Rangoon. Das Schiff hatte das Kap der Guten Hoffnung bereits hinter sich gelassen und befand sich mitten im Indischen Ozean, als das Drama begann. Als ein Mitglied der Besatzung eine Luke der Vorpiek öffnete, stieg eine kleine Rauchwolke auf. Atwood wusste sofort: Feuer an Bord. Zu diesem Zeitpunkt war die *Montana* tausend Meilen von der nächstgelegenen Küste, der kleinen, unbewohnten Vulkaninsel St-Paul im südlichen Indischen Ozean, entfernt. Bei gutem Wind und unter vollen Segeln dauerte eine Fahrt dorthin acht bis zehn Tage. Atwood ließ Löcher ins Deck bohren und seine Mannschaft Wasser hineinschütten. Nach jedem Eimer stieg gelber, stinkender Qualm auf. Am dritten Tag meuterte ein Teil der Crew und wollte sich mit einem Rettungsboot davonmachen, doch der Kapitän vereitelte die Aktion. Das Feuer breitete sich immer weiter aus, weshalb man die Luke an der Vorpiek öffnete und über einen Schlauch Wasser unter Deck pumpte. Am fünften Tag musste man Luken und Löcher schließen, aber der Rauch des Feuers im Schiffsbauch quoll durch alle Fugen und Ritzen. Um der Hitze und dem Qualm zu entgehen, verbrachten die Männer einen großen Teil der Zeit in der Takelage. Als nach acht Tagen endlich der Ruf »Land in Sicht« erscholl, packten sie das Notwendigste in die Rettungsboote und verließen das Schiff. Kaum hatten sie das Ufer von St-Paul erreicht, schlug das Feuer krachend und tosend durch das Deck, und noch vor Einbruch der Dunkelheit war die *Montana* gesunken. Nach sechs Tagen auf der einsamen Insel wurde die Mannschaft von einem britischen Schiff gerettet.

Der Erfolg, den das amerikanische Eis in England hatte, dauerte nur wenige Jahre. Bereits in den 1820er-Jahren gelangte Natureis aus Norwegen auf die Insel, doch erst nach der Jahrhundertmitte entwickelte sich ein ausgedehnter Handel mit Eis aus dem Gebiet des Oslofjords, das aufgrund des kürzeren Transportweges – die Hinfahrt dauerte nur wenige Tage, die Rückfahrt bei Westwind sogar nur 48 Stunden – billiger war als das amerikanische Konkurrenzprodukt. Außerdem bedienten sich die norwegischen Eishandelsgesellschaften der in England bekannten und beliebten amerikanischen »Markennamen«, indem sie ihren See Oppegaard einfach in »Lake Wenham« umbenannten und sein Eis unter diesem Namen vermarkteten. Ein anderer See wurde in »Rockland Lake« umgetauft, da das Eis des amerikanischen Lake Rockland in New York zu den beliebtesten zählte.

Verschifft wurde das norwegische Eis hauptsächlich in Christiania (Oslo), Kragerö und Dröbak. London war – gefolgt von Grimsey, Fleetwood, Liverpool und Hull – mit Abstand der größte Abnehmer. Um die Jahrhundertmitte exportierte Norwegen nur knapp 3000 Tonnen Eis nach England; 1899, auf dem Höhepunkt des Eisbooms, waren es über 500 000 und 1914 immerhin noch 200 000. Ab den 1890er-Jahren wurde ein Teil des Eises mit Dampfschiffen nach England gebracht. Diese waren zwar schneller als die Segler, doch das Ver- und Entladen erforderte mehr Sorgfalt. Jeder Kontakt mit den eisernen Schiffswänden musste vermieden werden, da angesetzter Rost auf das Eis abfärben konnte und die Qualität minderte. England war zwar der größte Abnehmer, norwegisches Eis wurde aber auch zu anderen Häfen an der Nordsee verschifft, ein geringer Teil gelangte sogar nach Nordafrika, Ägypten und Süditalien. Um das Eis besser zu isolieren und Verluste zu vermeiden, spannte man auf diesen Routen Segel über das Verdeck, die immer nass gehalten wurden.

Nach 1870 erhielt das Natureis eine starke Konkurrenz durch künstliche Kälte: zunächst durch Kunsteis aus der Fabrik und kurze Zeit später in Form von direkter Kühlung durch Kältemaschinen. Natureis, besser gesagt, Gletschereis, findet heute nur noch in Amerika und Japan reißenden Absatz. In den 1970er-Jahren träumten einige Wissenschaftler davon, Eisberge in Richtung Wüste zu schleppen und sie dort zur Bewässerung einzusetzen, stattdessen kommt das über 10 000 Jahre alte Wasser nun in Gestalt kleiner Eiswürfel für Drinks oder in der Flasche zu uns. Ende der 1980er-Jahre begann eine Firma, in Alaska Eisberge zu ernten, sie zu zerkleinern und als Eiswürfel zu vertreiben. Die exklusiven Stücke gelangten zuerst in Japan auf den Markt. Wenn sie schmelzen, blubbern sie leise vor sich hin, da ihnen Kohlendioxidbläschen entweichen. Das ist bei herkömmlich hergestellten Eiswürfeln natürlich nicht der Fall. Iceberg Industries, in den 1990er-Jahren in Neufundland gegründet, vertreibt neben Wasser und Eiswürfeln auch Wodka und Bier, die mit Eisbergwasser produziert werden. Dazu ernten die Neufundländer die mit dem Labradorstrom von Grönland kommenden Eisberge. Große Stücke werden aus den schwimmenden Riesen gesägt, auf Schiffe verladen, zur Fabrik des Herstellers gebracht und dort verarbeitet.

Eine revolutionäre Erfindung

Künstlich hergestelltes Eis beziehungsweise künstliche Kälte ganz ohne Eis ermöglichen es, unabhängig von den Launen der Natur, empfindliche Ware vor dem Verderb zu schützen. Bereits 1909 schrieb Charles Engel in der *Umschau* dazu: »Es wäre nicht schwer, auf sein Menü zu setzen: Eier aus Australien, Lachs aus Kanada, Krebse aus Mauretanien, Rinderbraten von La Plata, Hammel aus Australien, Hase und Geflügel aus Russland, gesalzene Butter aus Victoria, Milch und Käse von Buenos-Ayres. Als Dessert könnten dienen Bananen von Jamaika oder Costa Rica. Äpfel und Erdbeeren aus Kalifornien, Birnen, Pfirsiche und Aprikosen vom Kap der Guten Hoffnung. Diese Liste könnte man bis ins Unendliche verlängern, so zahlreich sind heute die vielen, schönen Dinge, die wir Dank der Kälte ebenso gut wie am Ort ihrer Herkunft, Tausende von Meilen von Europa entfernt, in unserem Heim genießen können.«

Wahrscheinlich hat die künstliche Kälte den bedeutendsten Beitrag zur Globalisierung unserer Ernährung geleistet. Einerseits wurden frühere Luxusgüter erschwinglich, andererseits lösten sich Angebot und Nachfrage von Raum und Zeit.

Das Geschäft mit Importfleisch boomt: Nahezu in jedem Supermarkt wird – ob aufgetaut oder gefroren – Rinderfilet aus Argentinien oder Lammfleisch aus Australien und Neuseeland angeboten. Die Kühl- und Gefriertechnik macht es möglich. Einen der ersten Versuche, gekühltes Rindfleisch mit einem Schiff über eine größere Distanz zu transportieren, unternahm Henry Peyton Howard. Mit dem Dampfschiff *Agnes,* das über einen isolierten Raum verfügte, brachte er mit einer Salz-Eis-Mischung gekühltes Rindfleisch von Indianola in Texas nach New Orleans, wo das Schiff am 10. Juni 1869 anlandete. Im Juli 1869 veranstaltete Howard im St. Charles Hotel ein Bankett, bei dem sein Fleisch prominenten Persönlichkeiten von New Orleans präsentiert und mit großem Genuss verspeist wurde.

Der Sprung über den Atlantik gelang als Erstem Timothy C. Eastman im Oktober 1875. Er versandte Rindfleisch von New York nach England. Im Laderaum, an Haken hängend, wurden die Rindfleischhälften durch Eisblöcke gekühlt; Ventilatoren ließen die kalte Luft im Raum zirkulieren. Das war noch keine Hightechanlage, sie reichte jedoch aus, um die Ware auf der zweiwöchigen Überfahrt frisch zu halten. Um für sein Produkt zu werben, sandte Eastman Fleisch nach Windsor Castle. Queen Victoria, so wurde berichtet, soll es als »very good« bezeichnet haben, und der Herausgeber von *The Farmer* erklärte, dass das Fleisch jeden Test bestanden und genau die Qualität hätte, die Hausfrauen sich wünschten.

In gekühltem Zustand konnte man Fleisch nur auf der kurzen Atlantikpassage transportieren, beim Transport aus Südamerika, Australien oder Neuseeland musste das Fleisch tiefgefroren werden. 1876 brachte der dampfgetriebene Dreimaster *Le Frigorifique* nach 105 Tagen auf See eine kleine Menge gefrorenes Fleisch von Rouen über Lissabon nach Buenos Aires. Das Schiff wurde in Argentinien begeistert begrüßt, und die Journalisten, denen das Fleisch an Bord serviert wurde, beschrieben es als exzellent und schmackhaft, ebenso gut wie dasjenige vor Ort. Die Rückfahrt der *Le Frigorifique* verlief weniger erfolgreich, da die Kühlung während der Fahrt versagte. Das argentinische Fleisch war bei der Ankunft in Frankreich verdorben und wurde über Bord geworfen. Ein knappes Jahr später gelangte mit der *Paraguay,* die mit einer Absorptionskältemaschine ausgestattet war, tiefgekühltes Hammelfleisch erstmals nach Frankreich. Das Schiff verließ Buenos Aires mit 5500 Hammelkörpern, die an Bord bei minus 28 Grad Celsius gelagert wurden. Aufgrund einer Havarie und des daraus folgenden dreimonatigen Reparaturaufenthalts auf St. Vincent erreichte das Schiff erst nach über sechs Monaten Le Havre. Das Fleisch wurde unter anderem im Grand Hotel in Paris serviert und soll frisch, schmackhaft und von ausgezeichneter Qualität gewesen sein.

Das Startsignal für den internationalen Handel mit eingefrorenem Fleisch soll jedoch ein anderer Transport gegeben haben: Das Segelschiff *Strathleven* erreichte am 2. Februar 1880 mit knapp 40 Tonnen tiefgefrorenem australischem Rind- und Lammfleisch an Bord nach einer 59 Tage langen Fahrt von Melbourne aus London. Dabei hatte man, um die Fahrtzeit zu verkürzen, den Weg durch den 1869 eröffneten Suezkanal gewählt, durch den das Schiff von einem Dampfer gezogen wurde. Auf dem Londoner Markt erzielte das Fleisch einen dreifach höheren Preis als in Australien, war jedoch immer noch billiger als vergleichbares englisches. Zehn Fleischhändler ließen es auf dem Londoner Zentralmarkt von Besuchern testen, Queen Victoria erhielt eine Lammkeule, der Prince of Wales ein Schaf, und Lord Hatherton verspeiste ein Stück Braten im Londoner Traveller's Club. Allen schmeckte das Fleisch, und die Presse verbreitete begeisterte Berichte und Kommentare.

Dass es selbst bei längeren Schiffsfahrten zu keinem Qualitätsverlust kommen musste, bewies auch die *Dunedin.* Das 73 Meter lange Segelschiff war 1874 in Schottland als Auswandererschiff für 400 Passagiere gebaut worden. 1881 erfolgte der Einbau einer Kompressionskältemaschine von Bell & Coleman. Ein Jahr später brachte die *Dunedin* nach 98-tägiger Reise das eingefrorene Fleisch von 4331 Hammeln, 598 Lämmern und 22 Schweinen aus Neuseeland nach London. Die *Times* kommentierte den Transport als einen Triumph über die physikalischen Schwierigkeiten, der noch vor Kurzem unglaublich und undenkbar gewesen sei.

Um 1900 befuhren bereits mehrere Hundert Schiffe mit Kühl- oder Gefriereinrichtungen die Weltmeere und lieferten Schweine- und Rindfleisch aus den USA, Rindfleisch aus Argentinien sowie Lammfleisch aus Australien und Neuseeland nach Europa. Großbritannien entwickelte sich zum Hauptimporteur der neuartigen Ware, da die eigene Landwirtschaft die Nachfrage nach Fleisch nicht decken konnte. Schon um die Jahrhundertwende kamen jährlich circa 200 000 Tonnen gekühltes oder eingefrorenes Rindfleisch auf die Insel, und bis zum Ausbruch des Ersten Weltkriegs verdoppelte sich diese Menge beinahe, auf durchschnittlich 375 000 Tonnen.

Verantwortlich für diese Expansion des maritimen Handels mit Fleisch war neben der Entwicklung der Kühltechnologie der Fortschritt im Schiffbau. Zuerst ersetzten zunehmend eiserne, mit Kohle befeuerte Dampfschiffe die hölzernen Segelschiffe, die ihrerseits später von stählernen, dieselbetriebenen Kolossen abgelöst wurden. Vor allem die Eröffnung des Suezkanals am 17. November 1869 bewirkte eine Umstellung von Segel- auf Dampfschiffe. Zum einen, weil Segelschiffe, wenn sie diese Route wählten, durch den Kanal gezogen werden mussten, zum anderen, weil das Rote Meer für Segelschiffe aufgrund der vorherrschenden Windverhältnisse nur schwer passierbar war. Ferner war die Strecke Liverpool–Bombay dank des Kanals nur halb so lang wie die 11 560 Seemeilen lange Route um das Kap der Guten Hoffnung. Die Seeroute von Sydney nach London wurde durch den Suezkanal zwar nur um ungefähr 100 Meilen kürzer, doch auch auf dieser Strecke wurden vermehrt Dampfschiffe eingesetzt, um Passagiere und wertvolle Güter zu transportieren. Sie waren nicht nur bedeutend schneller als Segelschiffe – so dauerte etwa die Schiffspassage über den Nordatlantik um 1840 durchschnittlich 35 bis 40 Tage, im Jahr 1913 nur noch zehn bis zwölf – und zudem unabhängig von den Windverhältnissen, sie hatten außerdem größere Ladekapazitäten, die nach und nach weiter stiegen. Die Eröffnung des Panamakanals 1914, der die Umschiffung von Kap Hoorn unnötig machte, besiegelte schließlich das Ende der Segelschifffahrt.

Mit all diesen Neuerungen sanken die Kosten für die Ozeanschifffahrt rapide, und Transporte über große Distanzen wurden rentabler. Für den Zeitraum zwischen 1840 und 1910 weist der britische Frachtkostenindex für Transatlantikfahrten einen Rückgang von über sechzig Prozent auf.

Die hohe Nachfrage nach Fleisch hat dazu geführt, dass der Schiffstransport von gekühltem und eingefrorenem Fleisch riesige Ausmaße angenommen hat. 2005 wurden weltweit 26 Millionen Tonnen Fleisch inklusive Geflügel transportiert. Brasilien, Australien, die USA, Indien und Neuseeland sind die größten Exporteure, Russland, Japan, die EU, China und wiederum die USA gelten als die größten Importeure. Um diese Transporte durchzuführen, waren 2005 1250 Kühlschiffe mit einer Ladekapazität von etwa 9,5 Millionen Kubikmetern auf den Weltmeeren unterwegs; zusätzlich verfügten 3480 Containerschiffe über Stellplätze für Kühlcontainer mit insgesamt circa 24 Millionen Kubikmetern. Kühlcontainer bieten gegenüber Kühlschiffen den Vorteil einer geschlossenen Transportkette. Die Ware, einmal im Container verstaut, kann sowohl über Land (mit der Eisenbahn oder dem Lastwagen) als auch über das Meer transportiert werden, ohne dass sie umgeladen werden muss.

Als größtes Containerschiff der Welt gilt zurzeit die 365,5 Meter lange und 51 Meter breite *MSC Savona,* die im Februar 2010 in Dienst gestellt wurde. Sie verfügt über eine Ladekapazität von 14 000 Containereinheiten und bietet dabei Anschlüsse für 2000 Kühlcontainer. Die Besatzung des Giganten besteht aus nur dreißig Mann. Durch die riesigen Mengen wurden die Transportkosten auch bei Kühl- und Gefriergut und auf weiten Strecken minimiert. So betrugen sie 2005 für ein Kilogramm gefrorenes Rindfleisch aus Südamerika nach Europa gerade einmal 21 Cent. Dem Bau noch gewaltigerer Containerschiffe sind jedoch durch die Größe einiger Wasserstraßen Grenzen gesetzt. Den Suezkanal kann die *MSC Savona* mit Ach und Krach durchfahren, während den Panamakanal, dessen Schleusen nur 34 Meter breit und 305 Meter lang sind, gegenwärtig nur erheblich kleinere Schiffe passieren können. Allerdings wird diese Wasserstraße zwischen Pazifik und Atlantik seit Ende 2007 ausgebaut. Sie erhält eine zusätzliche Fahrrinne und größere Schleusen, um sie für die neuesten Containerschiffe, Kreuzfahrtschiffe und Großtanker befahrbar zu machen und so künftig auch großen Schiffen die gefährliche und lange Route um Kap Hoorn an der Südspitze des amerikanischen Kontinents zu ersparen. 2014, hundert Jahre nach Eröffnung des Kanals, soll der Ausbau beendet sein.

Teil II

Flora auf Reisen

Einige Pflanzen, welche der Gegenstand des Garten- und Ackerbaues sind, haben seit den fernsten Jahrhunderten das wandernde Menschengeschlecht von einem Erdstrich zu dem anderen begleitet.

Alexander von Humboldt,
Ideen zu einer Geographie der Pflanzen, *1807*

Im Supermarkt, beim wöchentlichen Marktbesuch oder im Spezialitätenrestaurant, überall treffen wir heute auf Waren, die nicht in unseren Breiten heimisch sind, sondern aus den entferntesten Gegenden zu uns gelangen. Innerhalb von Stunden bringen Flugzeuge leicht verderbliche exotische Nahrungsmittel aus aller Welt zu uns, länger haltbare werden in riesigen Mengen mit Schiffen von Kontinent zu Kontinent transportiert. Wir können auch einen Blick in unseren Gemüse- oder Blumengarten werfen oder einen Spaziergang durch einen Park machen: Auch hier finden wir Gewächse, die, meist jedoch schon vor langer Zeit, aus anderen Gebieten unseres Planeten zu uns gelangt sind. Michelle Obama geht es nicht anders. In ihrem von der Presse viel beachteten Gemüsegarten beim Weißen Haus finden sich Radieschen, Rhabarber und Spinat aus Asien, Grünkohl, Brokkoli, Kopfsalat und Oregano aus dem Mittelmeerraum oder Fenchel aus Indien und Ägypten.

Mit der Entdeckung Amerikas und dem Auffinden des Seeweges nach Indien öffnete und veränderte sich die Welt in den folgenden Jahrhunderten nicht nur aus geografischer Sicht. Der Transfer von Tieren und Pflanzen zwischen Alter und Neuer Welt – und ab Mitte des 18. Jahrhunderts auch nach und von Ozeanien aus – führte weltweit zu einem grundlegenden Wandel der Natur- und Kulturlandschaften. Dabei fanden nicht nur Nutzpflanzen ihren Weg über den Ozean, viele unserer heutigen Ziergewächse stammen ursprünglich ebenfalls von einem anderen Kontinent. Tausende neuer Arten wurden als Samen, Setzlinge oder Jungpflanzen auf mühevollen Wegen nach Europa gebracht, wo sie in botanischen Gärten, in privaten und später auch öffentlichen Parks sowie in freier Natur kultiviert wurden.

Als Kolumbus im April 1493 aus der Neuen Welt zurückkehrte,

brachte er Mais, Süßkartoffeln und Paprika mit. Bei seiner zweiten Reise nahm er unter anderem Getreide, Salat- und Gemüsesamen sowie Stecklinge von Weinreben mit nach Amerika. Durch die Spanier und die Portugiesen gelangten im 16. und 17. Jahrhundert viele neue Arten nach Europa, die aus unserem Alltag nicht mehr wegzudenken sind: Kartoffeln, Garten- und Feuerbohnen der Gattung Phaseolus, Sonnenblumen, Erdbeeren, Kürbisse, Tomaten, Avocados und Tabak. Aus Asien kamen Zitrusfrüchte, diverse Blumen wie Tulpen oder Flieder sowie Gewürzkräuter wie das Basilikum nach Europa. Später folgten Hortensien, Rhododendren und Koniferen. Andere Gewächse wie Zuckerrohr, Bananen und Kokosnüsse gelangten von Asien nach Amerika, Gewürzpflanzen von den Molukken auf verschiedene Inseln im Indischen Ozean. Mais und Maniok überquerten den Atlantik Richtung Afrika und wurden dort wichtige Grundnahrungsmittel. Vanillepflanzen (eine Orchideenart) gelangten aus Mittelamerika nach Java und auf die Inseln des Indischen Ozeans.

Wurden Pflanzen bis Mitte des 18. Jahrhunderts mehr oder weniger ungezielt und planlos von einer Weltgegend in die andere gebracht, so entwickelte sich in der Folge ein systematischer, wissenschaftlicher, von europäischen Staaten und ihren Kolonialverwaltungen in Auftrag gegebener Pflanzentransfer. Naturforscher begleiteten Entdeckungsreisen und führten Studien- und Sammelreisen durch, um neue, wirtschaftlich nutzbare sowie medizinisch verwendbare Gewächse zu sammeln, zu präparieren und zu beschreiben. Zeichner fertigten naturgetreue Abbildungen von exotischen, bis dahin unbekannten Arten.

Eine entscheidende Rolle spielten dabei die botanischen Gärten, in denen die Gewächse katalogisiert beziehungsweise systematisch eingeordnet und vermehrt wurden. Schon Ende des 16. Jahrhunderts wurden im Botanischen Garten von Leiden etwa 6000 Pflanzen angebaut, die aus den niederländischen Kolonien in Asien oder Amerika stammten. In Brasilien, in der Kapregion von Südafrika, auf Mauritius, Ceylon und Java legten die Niederländer Gärten an, die mit dem Zentralgarten im Mutterland eng verbunden waren und zwischen denen ein reger Austausch von Pflanzen erfolgte. Dem Beispiel Hollands folgend, errichteten auch die Franzosen in ihren Kolonien Gärten, die mit dem Botanischen Garten in Paris und demjenigen auf der mittlerweile französischen Insel Mauritius in Verbindung standen.

Die Engländer perfektionierten unter Sir Joseph Banks (1744–1820), dem Direktor der Königlich Botanischen Gärten in Kew bei London, der Kew Gardens, dieses System. Überall im riesigen englischen Kolonialreich gründeten sie botanische Gärten: von Sydney über Hobart und Brisbane in Australien, auf dem indischen Subkontinent in Kalkutta, auf Ceylon und St. Helena, in der Karibik auf St. Vincent, Jamaika und Trinidad bis hin nach Nordamerika. Sir Joseph Banks nahm selbst an mehreren Expeditionen teil, darunter an der ersten Weltumsegelung von James Cook, bei der er über tausend neue Arten und über hundert neue Gattungen beschrieb und katalogisierte. Er selbst brachte zwar keine lebenden Exemplare nach England, gilt aber dennoch als Pionier der Einführung neuer Pflanzen, da auf seine Initiative hin zahlreiche »Pflanzenjäger« ausgesandt wurden, die überall auf der Welt nach kommerziell verwertbaren Gewächsen Ausschau hielten und mit diesen die botanischen Gärten als erste Akklimatisierungsstation versorgten. Kaffee, Tee, Zuckerrohr, Muskatnuss, Gewürznelken und Zimt, aber auch die Brotfrucht und der Kautschukbaum gelangten so über die verschiedensten Stationen in neue Anbaugebiete.

Im 19. Jahrhundert durchstöberten Pflanzenjäger, heute heißen sie Biopiraten, die entlegensten Gegenden der Welt auf der Suche nach neuen Arten, die dem Zeitgeist entsprechend die Gärten und Parks in Europa bereichern sollten. Samen und Setzlinge von bis dahin unbekannten Orchideen, Kamelien, Chrysanthemen, Lilien und anderen heute aus unseren Gärten nicht mehr wegzudenkenden Pflanzen gelangten so nach Europa.

Heute sind es meist nicht mehr die Pflanzen selbst, die sich auf die weite Reise machen, sondern ihre Produkte: ihre Samen oder Früchte – exotisches Obst und Gemüse, Kaffee, Tee, Wein und vieles mehr.

Ausgerechnet Bananen

Sie tun nicht erfreuen die schönsten Levkojen
Und Rosen aus Glanzpapier.
Und nicht einmal Oleander bringt uns zueinander.
Grad ausgerechnet Bananen,
Bananen verlangt sie von mir!

Refrain der deutschen Adaption des Songs
Yes! We have no bananas *von Fritz Löhner-Beda, um 1923*

Die Krummfrucht

Bananen gehören zu den ältesten Kulturpflanzen der Welt. Von den 400–900 wild wachsenden Arten werden etwa 100, wie die Obst-, Koch- und Textilbananen, kultiviert. Heute werden in mehr als 130 Ländern jährlich über 90 Millionen Tonnen dieser Früchte geerntet. Führende Anbauländer sind Indien, China, die Philippinen, Brasilien und Ecuador; größte Exporteure sind Ecuador, Costa Rica, die Philippinen und Kolumbien. Knapp 20 Prozent der weltweiten Ernte gelangen in den Export, den weitaus größten Anteil verbrauchen die Anbauländer also selbst. Zum großen Teil sind das die sogenannten Koch- oder Gemüsebananen, die zu den Grundnahrungsmitteln der einheimischen Bevölkerung gehören. Schon Alexander von Humboldt hatte um 1820 die Bedeutung der Banane in ihren Anbaugebieten mit der des Getreides in nördlichen Kulturregionen verglichen.

Die USA, Europa und Japan gelten als die größten Importeure für

Bananen. Das Gros der von Nordamerika importierten Früchte stammt aus Zentral- und Südamerika, während die Philippinen den asiatischen Markt beliefern. Nach Europa gelangen Bananen vorzugsweise aus Zentral- und Südamerika, ein geringer Anteil stammt aus den sogenannten AKP-Staaten, Ländern in Afrika, der Karibik und der Pazifikregion, die mit der Europäischen Union ein spezielles Abkommen über Entwicklungszusammenarbeit geschlossen haben. Frankreich importiert zudem Bananen aus Guadeloupe und Martinique, während Spanien einen Teil seiner Bananen von den Kanaren erhält.

Heute gilt es als sehr wahrscheinlich, dass bereits vor 7000 Jahren auf den Inseln Melanesiens, insbesondere im Hochland Papua-Neuguineas, Bananen der Gattung Musa kultiviert wurden. Ob sie allerdings der Ernährung dienten oder ob eher ihr Bast zur Herstellung von Seilen verwendet wurde, mit ihren Blättern Hütten gedeckt oder diese zum Verpacken benutzt wurden, ist eine offene Frage. Von Papua-Neuguinea aus verbreitete sich die Banane nach Süd- und Ostasien und bis zum Ende des ersten Jahrtausends v. Chr. bis nach Südchina. Alexander der Große soll sie bei seinem Feldzug 327 v. Chr. in Indien kennengelernt haben. Wann und wie die Bananen Afrika erreichten, darüber spekulieren Fachleute seit mehr als hundert Jahren. Manche glauben, dass arabische und persische Händler sie im 7. oder 8. Jahrhundert nach Ostafrika und in den arabischen Mittelmeerraum einführten, von wo sie über Mittel- und Westafrika bis zur afrikanischen Atlantikküste gelangten. Einer anderen Version zufolge kamen Bananen Anfang des ersten Jahrtausends aus Malaysia (Borneo) über den Indischen Ozean ins 7200 Kilometer entfernte Madagaskar, von dort auf das nur 400 Kilometer ferne afrikanische Festland, wo sie sich westwärts bis zur Küste von Guinea verbreiteten. In beiden Fällen sollen die Bananen also erst in nachchristlicher Zeit Afrika erreicht haben. Archäobotanische Untersuchungen im heutigen Kamerun konnten jedoch vor Kurzem zeigen, dass dort schon um 1000 v. Chr. Bananen kultiviert wurden. Vergleichbare Proben aus Uganda sollen sogar noch älter sein; sie verweisen auf das vierte Jahrtausend v. Chr.

Zu Beginn des 15. Jahrhunderts lernten die Portugiesen bei ihren Erkundungsfahrten entlang der westafrikanischen Küste am Golf von Guinea die Frucht kennen, die dort »Banane« genannt wurde. Von hier aus brachten sie sie zu den Kanaren. Der nächste Sprung Richtung Westen erfolgte 1516 durch Pater Tomás de Berlanga, den späteren Bischof von Panama, der Bananenpflanzen nach Hispaniola, genauer, San Domingo (die heutige Dominikanische Republik), mitnahm, um mit ihrer Hilfe die Ernährungslage der indigenen Bevölkerung zu verbessern. Von dort aus wanderte der Bananenanbau auf die anderen karibischen Inseln sowie nach Zentral- und Südamerika. Heute finden wir diese Frucht zwischen 30 Grad nördlicher und 30 Grad südlicher Breite, im »Bananengürtel«, der alle tropischen Regionen umfasst. Für ihr Wachstum benötigt sie ein feuchtwarmes Klima mit einer durchschnittlichen Temperatur von über 27 Grad Celsius, mindestens 1600 Sonnenstunden pro Jahr sowie ausreichende, gleichmäßig über das Jahr verteilte Niederschläge von 1200 bis 2000 Millimetern.

Der Siegeszug der Banane

Noch vor 150 Jahren war die Banane, die auch Paradiesfeige genannt wurde, in Nordamerika und in Europa nahezu unbekannt. Auf der Weltausstellung in Philadelphia 1867 wurde sie eher als exotische Kuriosität betrachtet. Heute sind Bananen weltweit die meistexportierte und die meistverzehrte Frucht. Dieser Siegeszug wäre ohne die Entwicklung der Dampfschifffahrt und der Kühlschiffe – beziehungsweise der gesamten Kühlkette – und den Ausbau der Transportwege zu Lande überhaupt nicht möglich gewesen. Zwar gibt es Hinweise, dass bereits in den 1840er-Jahren vereinzelt Bananen aus Kuba und in den 1860ern aus Honduras und Jamaika nach Nordamerika gelangten, aber dabei dürfte es sich um vereinzelte Transporte gehandelt haben.

Begonnen hat der Siegeszug der Banane in Nordamerika 1870 mit der Ankunft des Schoners *Telegraph*. Kapitän Lorenzo Dow Baker hatte auf der Rückfahrt von Venezuela bei einem Zwischenstopp in Jamaika auf der Suche nach Fracht 160 sogenannte Büschel (an einem Büschel hängen um die 200 Früchte) unreife Bananen für je einen Shilling erworben und an Deck gelagert. Während der elf Tage langen Fahrt reiften sie, so die Legende, zu goldgelben und wohlschmeckenden süßen Früchten, die Baker für zwei Dollar das Büschel in Jersey City verkaufte. Im gleichen Jahr brachte Carl Frank mit drei Schiffen der Pazifik Mail Company 3000 Büschel aus Colón in Panama nach New York. In den folgenden Jahren gelangten immer mehr Bananen nach Nordamerika. Obwohl circa ein Viertel während des Transportes verfaulte und noch in den 1880er-Jahren jedes siebte Schiff auf See verloren ging, erreichten 1885 etwa zwei Millionen Büschel allein New York. Anbau, Transport und Vertrieb der Früchte übernahmen nun große Unternehmen. 1885 wurde die Boston Fruit Company gegründet, 1899 erfolgte der Zusammenschluss mit Minor C. Keiths' Bananenhandel zur United Fruit Company (heute Chiquita), die mehr als 85 000 Hektar Land in sechs Ländern Mittelamerikas besaß, von denen 16 000 Hektar für den Bananenanbau genutzt wurden.

In den Anfängen des Bananenhandels wurden die Büschel einfach an Deck der Schiffe gelagert oder an Schienen aufgehängt, um sie durch den Fahrtwind oder durch Ventilatoren frisch zu halten. Später übernahmen Kühlschiffe, deren isolierte Laderäume unter die Umgebungstemperatur gekühlt werden konnten, den Transport der verderblichen Ware. Bis 1914 gehörten allein der United Fruit Company mehr als siebzig dieser weiß gestrichenen, schmalen Frachtschiffe, die auch als »Bananenjäger« bezeichnet wurden. Die weiße Farbe sollte das Aufheizen der Laderäume durch Sonneneinstrahlung vermindern.

England war das erste Land in Europa, das regelmäßig mit der neuen Frucht beliefert wurde. Dort soll die Banane bereits im 17. Jahrhundert als Luxusgut bekannt gewesen sein; ein stetiger kommerzieller Handel setzte aber erst im letzten Viertel des 19. Jahrhunderts ein. Die Bananen kamen jedoch nicht aus Mittelamerika, sondern von den Kanaren. Der Ausbau der Hafenanlagen von Las Palmas und Santa Cruz auf Teneriffa um 1885 führte dazu, dass dort vermehrt Schiffe auf ihrer Rückreise von West- und Südafrika nach Großbritannien anlegten, um Kohle zu bunkern. Zur Ausnutzung ihrer Ladekapazität nahmen sie oft Bananen von den Inseln mit nach England, vorzugsweise nach Liverpool und London. Die Früchte wurden in Watte, Papier oder Stroh verpackt und in Lattenkisten an Deck gestapelt, da für den relativ kurzen Weg keine Kühlung erforderlich war.

Aus Übersee, aus Jamaika, gelangten Ende der 1890er-Jahre erstmals Bananen auf die Insel. Nach anfänglichen Fehlversuchen führte die Verbesserung der Kühlung dazu, dass die Früchte die lange Fahrt gut überstanden. Anders als Fleisch müssen Bananen nicht nur gekühlt werden, sondern zudem muss die Luft beständig ausgetauscht werden, um die Stoffwechselprodukte der Früchte (Kohlendioxid, Äthylen und Wasser) aus den Kühlräumen zu entfernen. 1904 liefen in England die ersten Bananendampfer, die eigens für den Transport der empfindlichen Früchte gebaut wurden, vom Stapel. Bis 1914 wuchs diese Flotte auf 57 Schiffe an, die regelmäßig den englischen Markt belieferten. Die Banane war mittlerweile auch bei den unteren Bevölkerungsschichten populär geworden, und kurz vor Ausbruch des Ersten Weltkriegs wurden in Großbritannien mehr als 120 000 Tonnen aus Costa Rica, Kolumbien, Jamaika und den Kanaren importiert.

Der Deutschen zweitliebstes Obst

Nach Deutschland, genauer, nach Hamburg, gelangten einige wenige kanarische Bananenbüschel erstmals 1892. Die Nachfrage entwickelte sich anfangs nur langsam, erst in den Jahren vor Ausbruch des Ersten Weltkriegs stiegen Nachfrage und Import stark an. Bis zum Ersten Weltkrieg waren die Kanarischen Inseln der größte Bananenlieferant Deutschlands, gefolgt von Jamaika. Die erste direkte Bananenlieferung aus der Karibik brachte im März 1912 der für die HAPAG zum Kühlschiff umgebaute Dampfer *Sarnia* nach Hamburg. Im selben Jahr wurde in Hamburg die Afrikanische Frucht-Compagnie (AFC) gegründet, die den Anbau, den Transport und die Vermarktung tropischer Erzeugnisse, insbesondere aus den deutschen Kolonien, zum Ziel hatte. Dabei standen Bananen – »deutsche Bananen« aus Kamerun – im Mittelpunkt der Bemühungen. Zwei Dampfer mit Kühlanlagen wurden eigens für deren Transport bestellt; der Ausbruch des Ersten Weltkriegs verhinderte jedoch, dass die *Pionier* und die *Pungo* ihre geplanten Kamerunfahrten aufnahmen, denn beide Schiffe wurden nun für militärische Zwecke eingesetzt.

Erst im Januar 1924 wurde das Einfuhrverbot für frische Südfrüchte, das während des Krieges verhängt worden war, aufgehoben, und der Import von Bananen stieg trotz anfänglich hoher Preise wieder an. Zwar wurden in der Presse die Devisenverluste beim Import ausländischer Ware beklagt und zum Verzehr von einheimischem Obst aufgerufen, doch nach 1926 konnten Bananen zollfrei importiert werden. Verantwortlich dafür war unter anderem die in großem Umfang einsetzende Werbung für Bananen, die ab der zweiten Hälfte der 1920er-Jahre zu einer Steigerung der Einfuhr und zu einer starken Zunahme des Konsums führte. Geworben wurde in den Goldenen Zwanzigern sowohl mit den gesundheitlichen Vorzügen als auch mit dem exotischen Flair der Frucht. Wer die Banane bis zu diesem Zeitpunkt nicht kannte, wurde spätestens durch die Auftritte Josephine Bakers darauf aufmerksam. Nur mit einem »Bananenröckchen« bekleidet, zeigte sie ihre Show in den berühmtesten Varietéhäusern der Welt.

Neben Importen aus Zentralamerika durch die United Fruit Company gelangten zunehmend mehr Bananen aus Kamerun nach Deutschland. 1924 waren dort mithilfe von Reichsmitteln ehemalige deutsche Plantagen rückersteigert und die Bananenkultur weiter ausgebaut worden. Für die Transporte der »deutschen Kamerun-Banane« wurden zwischen 1930 und 1939 im Auftrag der Afrikanischen Frucht-Compagnie neun Kühlschiffe gebaut, die von der Reederei Laeisz betrieben wurden und wöchentlich Bananen an Bord nahmen. Die 1930 gebauten Schiffe *Puma* und *Panther* waren die letzten mit Dampfmaschinen ausgerüsteten Kühlschiffe aus Deutschland; die nachfolgenden verfügten bereits über Dieselmotoren. Knappe fünf Wochen dauerte die Reise von Hamburg nach Tiko in Kamerun und zurück, wobei die reine Fahrtzeit nach Westafrika circa fünfzehn Tage betrug. Auf der Hinfahrt hatten die Schiffe Lebensmittel, Arzneien, Baumaterialien, Maschinen für die Kaufleute und Dünger für die Plantagen geladen. Auf der Rückreise bestand die Fracht aus etwa 60 000 Büscheln Bananen und anderen Kolonialwaren wie Kakao und Palmöl. Ein Mitarbeiter des *Hamburger Fremdenblatts* berichtete 1936 nach der Besichtigung der *Python* begeistert über die Kabinen für zwölf Passagiere, prachtvolle Einrichtungen mit richtigen Betten, sowie den bequemen Salon mit Bar. Eine Seereise mit einem Bananenschiff nach Kamerun und zurück kostete 550 Reichsmark – das Vielfache eines Durchschnittsmonatslohns.

Nach Hamburg kamen fast ausschließlich Bananen aus Afrika und von den Kanaren, nach Bremerhaven vorwiegend aus Zentralamerika und Westindien. Der Ausbruch des Zweiten Weltkriegs beendete die Einfuhr der begehrten Früchte über den Krieg hinaus.

Im November 1949 wurden erstmals nach dem Krieg wieder Bananen in einem deutschen Hafen gelöscht. Die *British Columbia Express* brachte Bananen aus Kolumbien nach Bremerhaven. Ab 1951 erfolgte in Deutschland der Bau neuer Kühlschiffe, und in den 1960er-Jahren befuhren zeitweise 69 Kühlschiffe unter deutscher Flagge die Weltmeere; etwa die Hälfte transportierte Bananen aus Zentral- und Südamerika nach Deutschland. Um 1950 begann auch die Entwicklung von Universalkühlschiffen, die sowohl gekühlte wie tiefgekühlte Ladung transportieren können. Bananen wurden nun nicht mehr in Büscheln, sondern in »Händen« verschifft (eine Hand trägt zehn bis zwanzig »Finger«, sprich Früchte). Verantwortlich für diesen Umbruch war unter anderem die durch einen Pilz verursachte »Panamakrankheit«, die dazu führte, dass die bis dahin beliebteste Bananensorte Gros Michel durch die Cavendish abgelöst wurde, die wegen ihrer dünneren Schale weitaus empfindlicher ist. Bereits beim Erzeuger werden die Büschel in Hände zerlegt und diese sorgfältig in Kartons verpackt. Ein Teil der Kartons wird anschließend auf Paletten gebündelt, die den Umschlag im Hafen sowohl beim Be- als auch beim Entladen wesentlich erleichtern und somit die Liegezeiten der Schiffe erheblich verkürzen. 24 bis spätestens 36 Stunden nach dem Pflücken werden die noch grünen Früchte aufs Schiff verladen.

Einige der heutigen Bananendampfer verfügen über eine Ladekapazität von 5600 Paletten – das sind 280 000 Kartons. Sofort nach dem Beladen werden Kühlraum oder Kühlcontainer auf etwa 13,6 Grad Celsius abgekühlt, um den Reifeprozess der Früchte zu verlangsamen. Doch nur Kühlen reicht, wie schon weiter oben erwähnt, nicht aus. Um die Bildung des Fruchtreifehormons Äthylen zu verhindern, wird die Luft beständig umgewälzt und zwei- bis dreimal pro Stunde komplett durch frische Seeluft ersetzt. Moderne Kühlschiffe verfügen zusätzlich über Systeme, die in den Laderäumen die Sauerstoffkonzentration verringern und die Kohlenstoffdioxidkonzentration erhöhen und somit den Stoffwechsel der Früchte während der Fahrt regelrecht in Tiefschlaf halten. Nach zehn bis vierzehn Tagen erreichen die Schiffe aus Zentral- und Südamerika bei einer Geschwindigkeit von bis zu 22 Knoten pro Stunde Europa.

Im Jahr 2008 wurden mehr als 1,4 Millionen Tonnen Bananen nach Deutschland importiert. Die Deutschen nehmen mit einem jährlichen Pro-Kopf-Verbrauch von über zwölf Kilogramm einen der vorderen Ränge unter den Bananenessern ein.

Die goldenen Äpfel der Hesperiden

> Kennst du das Land, wo die Citronen blühn,
> Im dunkeln Laub die Gold-Orangen glühn
>
> *Johann Wolfgang von Goethe*

Der Geschmack des Südens

Apfelsinen, Mandarinen, Pampelmusen und Zitronen eroberten erst nach dem Zweiten Weltkrieg den deutschen Markt. Während die süßsauren Früchte früher nur zu besonderen Gelegenheiten wie etwa an Weihnachten oder bei Hochzeiten auf den Tisch kamen, werden sie heutzutage das ganze Jahr über verzehrt. Italien, Spanien, Griechenland, die Türkei, aber auch Marokko und Tunesien liefern die Südfrüchte von Oktober bis in den April hinein, und von Mai bis September landet frische Ware aus Südafrika, Argentinien, Brasilien und Australien im Handel.

Zitrusfrüchte zählen wie die Banane zu den ältesten Kulturpflanzen überhaupt. Vermutlich wurden schon vor mehr als 4000 Jahren verschiedene Sorten in China domestiziert. Aufgrund molekularbiologischer Untersuchungen geht man davon aus, dass es innerhalb der Gattung *Citrus* nur drei wirkliche Arten gibt, auf die alle heute bekannten essbaren Zitrusfrüchte zurückgehen: die Zedrate oder Zitronatzitrone *Citrus medica,* die Mandarine *Citrus reticulata* und die Pampelmuse *Citrus grandis (maxima)*.

Die Zitronatzitrone ist wohl die älteste in Europa bekannte Art. Sie wurde bereits von antiken Autoren wie Theophrast, Demokrit und Antiphanes sowie später von Apicius und schließlich Plinius in seiner *Naturgeschichte* erwähnt. Wahrscheinlich gelangte sie durch Alexander den Großen in den Mittelmeerraum, der sie von seinen Eroberungszügen nach Indien über Medien und Persien nach Griechenland mitgebracht haben soll.

Im 1. Jahrhundert n. Chr. scheint die Pflanze in der Umgebung von Neapel heimisch gewesen zu sein. Bei Ausgrabungen in Pompeji fanden sich Hinweise, dass dort in verschiedenen Gärten Zitruspflanzen standen, und spätestens im 5. nachchristlichen Jahrhundert waren die Bäume der Zitronatzitrone rund um Neapel weitverbreitet. Nach den Barbareneinfällen im 6. Jahrhundert sollen von diesen ausgedehnten Pflanzungen nur kümmerliche Reste übrig geblieben sein.

Erst mit den islamischen Eroberern dehnte sich der Anbau von Zitrusfrüchten wieder aus. Die Zitrone *(Citrus limon)* – ihr Herkunftsgebiet liegt im nördlichen Myanmar, in Südchina und im nordwestlichen Indien –, die mit arabischen Händlern nach Afrika gelangt war, wurde von hier aus von den Mauren nach Andalusien und wahrscheinlich auch nach Sizilien gebracht, und die Kreuzfahrer verbreiteten sie im 12. und 13. Jahrhundert über den ganzen Mittelmeerraum. Die Pomeranze *(Citrus aurantium)*, die »bittere Orange« – sie stammt ursprünglich aus Südostasien, wahrscheinlich aus Indien –, nahm einen ähnlichen Weg. Über die Seidenstraße – über Persien, den Irak und Syrien – gelangte sie im 10. Jahrhundert bis nach Palästina und Ägypten. Einige Zeit später ist sie in Nordafrika, auf Sizilien und Sardinien sowie in Andalusien nachweisbar. Pomeranzen, die meist als »Bitter-« oder »Sevilla-Orangen« bezeichnet werden, sind roh nicht zum Verzehr geeignet. Wie auch heute noch verwendete man sie zum Würzen und ihre ätherischen Öle zur Herstellung von Parfüms und Duftstoffen. Aufgrund ihres intensiven Dufts, ihrer hübschen weißen Blüten und ihrer leuchtend orangeroten Früchte gehörten sie zu den beliebtesten Pflanzen in der Renaissance und im Barock. Sie dienten dazu, das Prestige der fürstlichen Orangerien zu erhöhen. Man sah in ihnen die sagenumwobene, in der antiken Mythologie verankerte goldene Frucht aus den Gärten der Hesperiden, jene Frucht, deren Genuss ewige Jugend versprach und die als Symbol des ewigen Lebens gesehen wurde.

Schon der Name lässt erkennen, aus welchem Land die Frucht, die zur beliebtesten Südfrucht aufsteigen sollte, wahrscheinlich stammt: pomo di siena – Apfel von China, die Apfelsine. Doch wie die süße Orange *(Citrus sinensis)* ihren Weg nach Europa fand, darüber existieren unterschiedliche Auffassungen: Möglicherweise waren es Genueser Händler, die sie im 15. Jahrhundert über die Levanteroute nach Italien einführten. Bereits zu Beginn des 16. Jahrhunderts soll ein intensiver Anbau von Apfelsinen in Ligurien betrieben worden sein. Es könnten aber auch portugiesische Seefahrer gewesen sein, die, nachdem Vasco da Gama den Seeweg nach Indien gefunden hatte oder nachdem sie 1518 China erreicht hatten, die süße Frucht mit nach Hause brachten. Vielleicht war es eine Variante der Süßorange, die die bis zu diesem Zeitpunkt kultivierten Früchte an Geschmack und Süße übertraf und deren Anbau sich rasch über Spanien bis nach Italien ausdehnte. Der erste Apfelsinenbaum soll im Garten des Grafen von St. Laurent in der Nähe von Lissabon gestanden haben. In einigen europäischen Sprachen deutet ihr Name heute noch auf den einstigen »portugiesischen« Ursprung hin, so etwa im süditalienischen Dialekt *(portogallo)* oder im Griechischen *(portokali)*.

In die Neue Welt, zunächst zur Insel Hispaniola, gelangten Zitrusfrüchte 1493 mit Christoph Kolumbus bei seiner zweiten Reise zu den Westindischen Inseln. Die günstigen klimatischen Verhältnisse führten dazu, dass sich innerhalb weniger Jahrzehnte Zitruspflanzen von dort aus über die Inseln der Karibik ausdehnten. Aufs Festland kamen sie spätestens 1518 mit Bernal Díaz del Castillo. In seiner Chronik über die Eroberung Mexikos beschreibt er, wie er in der Nähe eines Tempels bei Veracruz Orangensamen gepflanzt habe, die er aus Kuba mitgebracht hatte. Die keimenden Pflänzchen seien von den Priestern des Tempels gewässert und gepflegt worden. In Nordamerika begann der Orangenanbau Mitte des 16. Jahrhunderts, als Spanier sie in St. Augustine, Florida, anpflanzten. 1707 dann gruben spanische Missionare den ersten Orangenbaum in Kalifornien in die Erde. Der großflächige Anbau begann hier jedoch erst nach 1850. Nach Brasilien, heute weltweit der größte Orangenproduzent, brachten die Portugiesen die Früchte Anfang des 16. Jahrhunderts.

Da man die Samen von Zitruspflanzen einfach transportieren konnte und diese unter günstigen klimatischen Bedingungen sehr gut keimen, verbreitete sich der Anbau von Zitruspflanzen in den folgenden Jahrhunderten durch europäische Kolonisten in den tropischen und subtropischen Zonen der ganzen Welt.

Ausgehend vom Mittelmeerraum, eroberten die Südfrüchte auch Nordeuropa, wo sie jedoch lange Zeit als Luxusartikel dem Adel und dem städtischen Patriziat vorbehalten blieben. Spätestens seit der Renaissance fungierten sie als ergötzlicher Tafelschmuck und waren dekorativer Bestandteil bei festlichen Ereignissen. Auch fanden sie zunehmend Verwendung bei der Speisenzubereitung. Sie verdrängten die damals in der Küche vorherrschenden allzu vielen und allzu scharfen Gewürze. Außerdem wurden sie zu pharmazeutischen Zwecken sowie in der Parfümerie verwendet, und bei Beerdigungen überreichte man sie dem Geistlichen und den Sargträgern oder warf sie ins offene Grab.

Die Früchte wurden einerseits auf dem Seeweg zu den Hafenstädten Europas, andererseits auf dem Landweg über die Alpen nach Mitteleuropa transportiert. Der Handel mit den bitteren Sevilla-Orangen nach England ist schon für das Ende des 13. Jahrhunderts dokumentiert. So erwarb der königliche Hof unter Edward I. 1290 von einem spanischen Schiff, das in Portsmouth vor Anker lag, neben Feigen, Rosinen, Datteln und Granatäpfeln auch fünfzehn Zitronen und sieben Orangen. In den folgenden Jahrhunderten erreichten immer mehr Zitrusfrüchte aus Spanien die Insel, speziell London und Bristol. Ende des 15. Jahrhunderts ist ihr Transport nach Schottland überliefert. In den Büchern des königlichen Schatzmeisters ist für den 24. April 1497 der Ankauf von Orangen mitsamt den Kosten für ihren Transport zum königlichen Hof verzeichnet.

Orangenmarmelade

Spätestens seit Ende des 15. Jahrhunderts brachten die Schiffe aus Portugal neben frischen Früchten andere Köstlichkeiten auf die Insel: »socade« – auch als »succade« oder »sukett« bezeichnet – und »marmelada«. »Socade« sind Zitrusfrüchte oder ihre Schalen, die mehrfach mit Wasser aufgekocht wurden, um ihnen die Bitterkeit zu nehmen, und dann in Zuckersirup oder Honig konserviert wurden. »Marmelada« war eine aus Quitten und Zucker hergestellte, meist mit Rosenwasser oder anderen teuren Ingredienzien parfümierte schnittfeste Köstlichkeit. Diese luxuriösen Süßigkeiten wurden in herrschaftlichen Häusern bei festlichen Anlässen als Teil des Dessertgangs gereicht und im 16. Jahrhundert auch gern als Geschenk überreicht.

Rezepte für die Quittenmarmelade wurden bald schon auf andere Früchte übertragen, etwa auf Äpfel, Pflaumen oder Pfirsiche. Das erste Rezept für Orangenmarmelade, eine »Conserve of oranges«, stammt aus dem *Book of Cookrye* von 1587. Ähnlich wie bei der »socade« wurden dazu Sevilla-Orangen mehrmals in Wasser aufgekocht, um das Bittere zu entfernen. Dann wurden sie zerkleinert und jeweils ein Pfund Früchte mit einem Pfund Zucker und einem halben Pfund Rosenwasser noch einmal aufgekocht. Das ergab – wie bei der originalen Quittenmarmelade – eine feste Masse, die in Scheiben geschnitten als Dessert serviert wurde.

Die Schotten beanspruchen für sich, dass eine der Ihren die erste »richtige« englische Orangenmarmelade, wie wir sie heute kennen, eingekocht hat. Ein vom Sturm gebeuteltes Schiff hatte im Hafen von Dundee Schutz gesucht, und der Kapitän versucht, eine Ladung beschädigter Orangen, bevor sie verfaulten, um jeden Preis an den Mann zu bringen. Der Kaufmann James Keillor erwarb die Früchte in der Hoffnung, sie im Winter mit Gewinn verkaufen zu können, ohne darauf zu achten, aus welcher Sorte die Ladung bestand. Es waren Sevilla-Orangen, mithin roh nicht zum Verzehr geeignet. Als echte Schottin, die kein Geld verlieren wollte, machte sich Janet Keillor mithilfe ihrer

Freundinnen an die Arbeit und kochte Orangenmarmelade ein, die sie im Geschäft ihres Mannes verkaufen wollte. Da es ziemlich viele Orangen waren, entschied sich Janet Keillor dazu, die Schalen, statt sie mühsam im Mörser zu zerreiben, einfach ganz klein zu schneiden. Mit dieser Variante der Marmelade wurde die 1797 gegründete Firma James Keillor and Son berühmt.

Orangen auf dem Vormarsch

Der Handel mit Zitrusfrüchten scheint um die Wende vom 16. zum 17. Jahrhundert ein größeres Ausmaß angenommen zu haben, denn nun erschienen die Früchte auf den Tischen eines immer größer werdenden Konsumentenkreises.

England entwickelte sich zum Hauptabnehmer der Früchte. Bereits im 16. Jahrhundert verkauften in London Straßenhändler Orangen und Limonen von ihren Karren aus, und um 1860 sollen es zur besten Saison, an Ostern, um die 4000 Händler gewesen sein, die dieses Geschäft betrieben. Zu diesem Zeitpunkt wurden allein in London hundert Millionen Zitrusfrüchte jährlich verkauft. Ein Viertel davon wurde von fliegenden Händlern in den Straßen und Theatern der Stadt zum Verkauf angeboten. Kam die Ware anfänglich aus Spanien, Portugal, Sizilien und von den Balearen, so gelangten zunehmend auch süße Orangen als Beiladung der Zuckertransportschiffe aus Westindien nach England. Mit der Einführung der Dampfschiffe erweiterte sich das Spektrum um Lieferungen von den Azoren, Madeira und Kreta, wodurch das Handelsvolumen beträchtlich zunahm. In Großbritannien stieg der Import von Zitrusfrüchten in der Zeit von 1850 bis 1914 auf das Zehnfache an.

Der Transport erfolgte bis in die zweite Hälfte des 19. Jahrhunderts mit kleinen, schnellen Segelschiffen, deren Tonnage zwischen 100 und 125 Tonnen lag und deren Besatzung, neben dem Kapitän, aus drei bis fünf Mann bestand. Der kleine Schoner *Elinor* bewältigte 1869 die Strecke von London bis St. Michael auf den Azoren und zurück, immerhin 1200 Seemeilen pro Strecke, in 17 Tagen. Ein Umbruch erfolgte nach 1885, als Dampfschiffe mit einer Tonnage von bis zu 1500 Tonnen den Transport vollständig übernahmen. Die Schiffe fuhren nun nicht mehr eine direkte Route, sondern liefen verschiedene Stationen an, um Fracht, nicht nur Zitrusfrüchte, aufzunehmen. Schiffe aus Marseille machten Station in italienischen Häfen, bevor sie über Malaga, Valencia, Gibraltar und Lissabon nach England weiterfuhren. Schiffe aus Beirut oder anderen Häfen der Levante legten Zwischenstopps in italienischen, französischen und spanischen Häfen ein.

Wurden die Früchte ursprünglich in Körben an Deck der Schiffe gelagert, so setzte sich Ende des 19. Jahrhunderts ihre Verpackung – einzeln in Seidenpapier gewickelt – in Kisten durch. 8000 bis 10 000 solcher Kisten pro Schiffsladung waren nun durchaus üblich. Die Zitrusfrüchte kamen mittlerweile überwiegend aus Spanien und Italien. Den größten Anteil hatten Orangen aus der Umgebung von Valencia. Hier waren Ende des 18. Jahrhunderts die ersten Orangenkulturen entstanden, die sich um 1900 auf eine Fläche von gut 100 000 Hektar ausgedehnt hatten und deren Produkte den nordeuropäischen Markt dominierten. Bis in die 1960er-Jahre hinein waren die Häfen von London, Rotterdam und Hamburg die wichtigsten Umschlagplätze, doch dann verlagerte sich der Transport der Früchte aus dem sonnigen Süden auf die Straße.

In Deutschland blieben Zitrusfrüchte bis Anfang der 1950er-Jahre für den Großteil der Bevölkerung eher eine Besonderheit anlässlich von Feiertagen und Festlichkeiten. Dann allerdings stieg der Konsum von Südfrüchten derart rasant an, dass Deutschland Ende der 1950er-Jahre bereits ihr weltgrößter Importeur war. Dabei dominierten Orangen, gefolgt von Bananen, den Markt.

Frisch gepresst

»Orange juice« ist spätestens seit den frühen 1930er-Jahren vom Frühstückstisch der Amerikaner nicht mehr wegzudenken, aber auch in Europa hat sich der vitaminreiche Saft (ein Glas deckt mehr als die Hälfte des täglichen Vitamin-C-Bedarfs) – wenngleich später – seinen Platz erobert. Jeder Deutsche trinkt heute im Durchschnitt jährlich mehr als zehn Liter. Das gesunde Getränk kommt in den meisten Fällen jedoch nicht frisch gepresst auf den Tisch, sondern ist aus Konzentrat hergestellt.

Fast die Hälfte der weltweiten Orangenernte wird nicht frisch konsumiert, sondern zu Saft beziehungsweise überwiegend zu Saftkonzentrat verarbeitet. Die mit Abstand größten Produzenten von Orangensaftkonzentrat sind Brasilien und die USA. Während die USA den heimischen Markt beliefern, gelangen mehr als achtzig Prozent des in Brasilien hergestellten Konzentrats in den Export. Um bei der weiten Reise Transportkosten zu sparen, wird der frisch gepresste Saft im Erzeugerland etwa auf ein Fünftel bis ein Sechstel seines ursprünglichen Volumens konzentriert, wobei die zahlreichen Geschmack gebenden Aromastoffe abgetrennt und aufgefangen werden. Anschließend wird beides zur Verlängerung der Haltbarkeit auf minus 10 bis minus 18 Grad Celsius tiefgekühlt. Im Abnehmerland wird das Konzentrat mit filtriertem Wasser und unter Zugabe von Aromastoffen und Fruchtfleisch auf sein ursprüngliches Volumen aufgefüllt. Für eine Tonne Konzentrat, die etwa 5500 Liter Saft ergibt, benötigt man ungefähr zwölf Tonnen Orangen.

Der Transport des Konzentrats von Brasilien nach Europa erfolgte zunächst in großen Fässern in den Kühlladeräumen von Frachtern, später in Kühl- beziehungsweise Tankcontainern. Seit den 1980er-Jahren bringen es eigene »Fruchtsafttanker« zu uns. Die *Premium do Brasil,* die 2003 in Norwegen vom Stapel lief, ist mit einer Ladekapazität von 32 000 Tonnen einer der größten der Welt. In hohen, senkrecht stehenden Edelstahltanks, die über eine eigene Mess- und Regeltechnik kontrolliert werden, wird der begehrte Stoff nach Rotterdam und Gent, den wichtigsten Umschlaghäfen in Europa, gebracht. Die europäischen Fruchtsaftimporteure haben in den Häfen eigene Lager, von wo aus das Konzentrat das ganze Jahr hinweg in die Abfüllbetriebe zur Weiterverarbeitung geliefert wird.

Heute lautet der Trend jedoch »direkt gepresst und abgefüllt«. Um diesem Wunsch vieler Verbraucher nachzukommen, wird seit einigen Jahren auch frisch gepresster Saft aus Brasilien exportiert. Der Transport dieser leicht verderblichen »Direktsäfte«, wie sie in der Fachsprache heißen, von den südamerikanischen Anbaugebieten zu den weit entfernten Absatzmärkten in den USA und Europa – eine Fahrt von Rio de Janeiro nach Rotterdam, das sind circa 5250 Seemeilen, dauert im Durchschnitt immerhin um die 17 Tage – stellt die Erzeuger allerdings vor große Probleme. Der Saft muss in dieser Zeit immer auf einer genau definierten niedrigen Temperatur gehalten und vor jedem Kontakt mit Luft oder Sauerstoff geschützt werden, um eine Verunreinigung durch Bakterien zu verhindern. Zu diesem Zweck ließ die Reederei *Atlanship* 2002 einen ehemaligen Getreidefrachter zu einem Fruchtsafttanker umrüsten. Spezialisten für Prozessautomatisierung bauten die *Orange Sky,* wie das Schiff nun heißt, zu einem Hightechtanker aus. Um zu gewährleisten, dass der Saft nicht mit Sauerstoff in Berührung kommt, wird Stickstoff in die Stahltanks gepumpt. Sensoren überwachen dessen Konzentration und steuern automatisch die erforderliche Gaszufuhr. Temperaturfühler regeln das komplexe Kühlsystem und sorgen dafür, dass der Saft durchgehend auf optimaler Temperatur gekühlt wird. Jede Stunde wird ein Report ausgedruckt, den der Käufer als Garantiezertifikat erhält.

Zitrusfrüchte und die Geißel der Seefahrt

Zitrusfrüchte, oder auch das tägliche Glas Vitaminsaft, schützen uns heute vor einer Krankheit, die jahrhundertelang als »Geißel der Seefahrt« beschrieben wurde: Skorbut. Skorbut war schon in der Antike bekannt, und in den nördlichen Gebieten Europas, Amerikas und Asiens erkrankten vor allem in langen, harten Wintern, in denen es an frischem Obst und Gemüse mangelte, bis weit in die Neuzeit hinein immer wieder weite Teile der Bevölkerung daran. Besonders problematisch waren längere Hungerkrisen infolge kriegerischer Auseinandersetzungen oder von Missernten.

Zur Plage der Seefahrer wurde Skorbut erst durch die langen, entbehrungsreichen Entdeckungsreisen und die nachfolgenden Handelsfahrten quer über die Ozeane. Vasco da Gama verlor 1497 auf seiner Fahrt um das Kap der Guten Hoffnung einen großen Teil seiner 160 Köpfe zählenden Mannschaft, und auch bei der Weltumsegelung durch Ferdinand Magellan forderte die Krankheit zahllose Opfer. Antonio Pigafetta, der Chronist dieser Unternehmung, beschrieb die Symptome: »Das Zahnfleisch im Ober- und Unterkiefer schwoll derart an, dass es die Zähne bedeckte und der Erkrankte außerstande war, Nahrung zu sich zu nehmen. Viele verspürten so heftige Schmerzen in den Armen, in den Beinen und in anderen Teilen des Körpers, dass sie sich nicht aufrechthalten und keine Arbeit verrichten konnten.«

Besonders tragisch verlief die Fahrt von George Anson, der im Auftrag der britischen Admiralität vor der südamerikanischen Küste die Seeherrschaft der Spanier stören und deren Silbergaleonen auf ihrer Route zwischen Peru und Manila aufbringen sollte. Jedes Jahr sandten die Spanier eine mit Silber beladene Galeone von Acapulco aus Richtung Philippinen, um dort Gewürze, Tee und Seide zu erwerben. Zweimal hatten die Briten bereits ein solches Schiff gekapert: 1587 durch Thomas Cavendish und 1709 durch Woodes Roges.

Mit acht Schiffen und fast 2000 Mann an Bord startete Ansons Flotte im September 1740 von England aus ihre Reise Richtung Madeira. Die Männer waren in der Mehrzahl ältere entlassene Strafgefangene, die in schlechter körperlicher Verfassung waren. Schon die Überfahrt nach Madeira dauerte mit 40 Tagen wesentlich länger als die üblichen sieben bis zehn. Von Madeira aus ging die Fahrt über St. Catherine, eine Insel vor Brasilien, weiter nach Port St. Julian in Patagonien und dann durch die Le-Maire-Straße zum Kap Hoorn. Das war im 18. Jahrhundert die Standardroute. Stürme und Unwetter erschwerten die Umschiffung des Kaps und führten zum Verlust einiger Schiffe und deren Besatzung; die Mannschaften zweier weiterer Schiffe desertierten und segelten nach England zurück. Erst im Verlauf des Juni 1741 erreichte die restliche Flotte die Juan-Fernández-Inseln vor der Küste Chiles. Bereits zu diesem Zeitpunkt waren so viele Männer an Skorbut erkrankt – oder gar an seinen Folgen verstorben –, dass es für die übrigen extrem schwierig war, die Schiffe zu manövrieren. Doch auf der Insel fanden die Überlebenden ausreichend Nahrung, um sich zu erholen.

In den folgenden Monaten begab sich Anson immer wieder auf Kaperfahrt entlang der chilenischen und peruanischen Küste und brachte spanische Schiffe auf. Am 6. Mai 1742 machten sich die *Gloucester* und die *Centurion* – mehr war von der einstigen Flotte nicht übrig – von Acapulco aus auf, den Pazifik in Richtung China zu durchqueren. Anstatt der erhofften zwei Monate dauerte die Fahrt aber sechs und kostete weitere 221 Mann das Leben. Kurze Zeit nach dem Aufbruch von Acapulco kehrte der Skorbut zurück, und mangels arbeitsfähiger Besatzung musste die *Gloucester* aufgegeben werden. Am 27. August 1742 landete die *Centurion* eher zufällig auf Tinian, einer 1521 von Magellan entdeckten Insel, die zur Gruppe der Nördlichen Marianen gehört. Tinian war eine so üppige Quelle an frischen Früchten, an Orangen, Limonen und Kokosnüssen, sowie an frischem Fleisch, dass die restliche Mannschaft innerhalb kürzester Zeit wieder gesundete. Von dort ging die Reise weiter nach Macao, wo das Schiff überholt wurde und Anson einige neue Seeleute verpflichtete. In den philippinischen Gewässern gelang es ihm, eine voll beladene spanische Silbergaleone zu kapern. Im Dezember

1743 startete er dann seine unspektakuläre Rückreise um das Kap der Guten Hoffnung nach Großbritannien. Am 15. Juni 1744, nach drei Jahren und neun Monaten, ging die *Centurion* in Spithead vor Anker. Nur 145 Mann der gesamten Crew kehrten nach Hause zurück. Die meisten Opfer, circa 1300 Mann, hatte der Skorbut gefordert. Anson, der später geadelt wurde und zum Admiral der britischen Kriegsflotte aufstieg, wurde als Held gefeiert, denn er brachte der Krone eine Beute von etwa 480 000 Pfund Silber mit.

Die eigentliche Ursache für das Auftreten des Skorbuts – er wurde auch als »Scharbock«, »Schimmelsieckte« und »Faulfieber« bezeichnet – blieb bis ins 20. Jahrhundert hinein ungeklärt. Heute wissen wir, dass es sich um eine Mangelkrankheit handelt, die durch das Fehlen von Vitamin C in der Ernährung ausgelöst wird. Oftmals wurde Skorbut als Strafe für Müßigkeit und Faulheit gedeutet, aber auch die aus dem Inneren der Schiffe aufsteigenden feuchten und fauligen Ausdünstungen wurden verantwortlich gemacht. Daneben wurden Kälte und Nässe, selbst ranziger Speck und eingepökeltes Fleisch als Verursacher angesehen. Viele Ärzte hielten im 16. und 17. Jahrhundert die Krankheit für höchst ansteckend, und noch an der Wende zum 20. Jahrhundert hoffte man, Mikroorganismen als Krankheitserreger isolieren zu können.

Schätzungen gehen davon aus, dass während des 17. und 18. Jahrhunderts über eine Million Seeleute der »Geißel der Seefahrt« zum Opfer fielen, obwohl bereits bei einigen früheren Fahrten Skorbut mit Erfolg bekämpft wurde.

Der Winter 1535/36 war bitterkalt, und die *Hermina,* das Schiff der französischen Expedition zur Erkundung Neufundlands unter Kapitän Jacques Cartier, lag gefangen im Eis des St.-Lorenz-Stroms in der Nähe von Québec. Der Proviant ging langsam zur Neige, und alle 110 Mann erkrankten an Skorbut. Von den Indianern vor Ort erhielt Cartier ein Heilmittel, das innerhalb kurzer Zeit die Mannschaft wieder auf die Beine brachte: einen Sud aus den Zweigen und jungen Trieben eines Baumes, den die Indianer »Anneda« nannten. Bei seiner Rückkehr brachte Cartier einige der Pflanzen mit nach Europa, doch hier geriet ihre Heilkraft alsbald in Vergessenheit. Wir kennen sie heute nur noch als beliebte Heckenpflanze: *Thuja occidentalis,* besser bekannt als Lebensbaum.

Zitrusfrüchte als Heilmittel fanden schon bei den frühen portugiesischen Entdeckern Verwendung. Vasco da Gama bat bei seiner Ankunft in Malindi, Kenia, um Orangen, nach denen es die Kranken an Bord verlangte, und auch anderen Seefahrern scheint die heilsame Wirkung von Zitrusfrüchten bekannt gewesen zu sein. Die Indienfahrer der Niederländischen Ostindien-Kompanie erhielten schon 1598 Zitronensaft zur Vorbeugung gegen Skorbut. Frische Orangen und Zitronen wurden jedoch eher selten mitgeführt, und wenn, dann waren die wenigen teuren Exemplare dem Kapitän und den Offizieren vorbehalten. Eine Ausnahme war anscheinend Kapitän James Lancaster: Er erwarb in Madagaskar Orangen und Zitronen, mit denen er die 202 Mann seines Schiffes *Red Dragon* auf der Rückfahrt von der ersten Expedition der englischen Ostindien-Kompanie (1601) verproviantierte. Damit verhinderte er wirkungsvoll den Ausbruch von Skorbut, während sich die Krankheit unter den Mannschaften der drei anderen Expeditionsschiffe ausbreitete. Kaufleute nahmen die Früchte auf eigene Rechnung mit an Bord der Handelsschiffe. Johann Siegmund Wurffbain (1613–1661), ein Nürnberger Kaufmann, der im Dienst der holländischen Ostindien-Kompanie stand, ließ auf seiner Reise nach den Molukken und Vorderindien für sich und seine »Cajouts-Gäste« auf eigene Kosten je 600 frische Zitronen und Pomeranzen sowie 60 Pampelmusen aufs Schiff bringen. Für die 127 Mann Besatzung wurden hingegen nur 200 Pomeranzen und 400 Zitronen geladen.

Als Erster beschrieb der Schotte James Lind 1753 in *A Treatise on the Scurvy* die erfolgreiche Behandlung Skorbutkranker mit Zitrusfrüchten. Der 1716 geborene Lind war nach einer ersten medizinischen Ausbildung im Alter von 23 Jahren als Gehilfe des Schiffsarztes in die britische Marine eingetreten. Acht Jahre später wurde er selbst Schiffsarzt auf der *Salisbury,* einem Schiff, das zur englischen Kanalflotte gehörte und auf dem 350 Männer ihren harten und gefährlichen Dienst versahen. Die hygienischen Verhältnisse an Bord waren schlecht, die Unterkünfte eng, muffig und feucht, es gab keine oder zu wenig warme Bekleidung, und das Essen war eher kärglich. Noch zur Mitte des 18. Jahrhunderts bestand die Ration eines britischen Seemanns meist aus gesalzenem und gepökeltem Fisch und Fleisch, aus Hülsenfrüchten, ranzigem Öl oder Butter, ein wenig Käse und hartem Schiffszwieback, der, je länger die Reise dauerte, umso stärker mit Maden und Rattenkot verunreinigt war und langsam vor sich hin schimmelte. Dazu kam, solange der Vorrat reichte, eine tägliche Ration an Bier oder Wein und ein wenig Rum. Es verwundert nicht, dass bereits nach wenigen Wochen auf See 400 der 4000 Mann Besatzung der Kanalflotte an Skorbut erkrankt waren. Obwohl die Schiffe sich öfter in Reichweite der Küste befanden, wurden keine frischen Nahrungsmittel an Bord genommen. Ob der Winter oder der Geiz der Admiralität dies verhinderte, bleibt offen.

James Lind, der die Aufzeichnungen von Cartier und anderen Kapitänen über Skorbut kannte, führte an Bord der *Salisbury* an zwölf Patienten die ersten systematischen Versuche zur Heilung der Mangelerkrankung durch. Zur normalen Kost bekamen die Männer eine Zusatzration an verschiedenen vermeintlichen Anti-Skorbut-Mitteln: Je zwei von ihnen erhielten Apfelwein, Schwefelsäure, Essig, Seewasser, ein Patentmittel aus Meerrettichwurzeln, Knoblauch und Baumharzen sowie Orangen und Zitronen. Das Ergebnis war eindeutig: Die Matrosen, die die Zitrusfrüchte aßen, waren im Gegensatz zu ihren Mitpatienten nach einer Woche gesund und konnten ihre Arbeit wieder aufnehmen. Lind verließ ein Jahr später die Marine und ließ sich als praktischer Arzt in Edinburgh nieder. Hier veröffentlichte er ab 1753 seine Erkenntnisse, die jedoch zu seinen Lebzeiten keinen Widerhall bei der Admiralität fanden.

James Cook, der große englische Entdecker, wurde durch seine drei Expeditionsreisen in die unbekannten Weiten des Pazifischen Ozeans berühmt. Er kartografierte weite Teile Neuseelands, Australiens und der Inselwelt der Südsee, und er umsegelte als Erster die Antarktis: Am 17. Januar 1773 überquerten seine Schiffe den südlichen Polarkreis und drangen am 30. Januar 1774 weiter nach Süden vor als je ein Mensch zuvor. Er soll auch der Erste gewesen sein, der den Skorbut bezwang.

Am 26. August 1768 stach Cook von Plymouth aus mit der *Endeavour,* einem umgebauten Kohlenschiff mit nur 32 Meter Decklänge, neun Meter Breite und mit 400 Tonnen Stauraum, in See. Dieses Schiff war zwar nicht besonders schnell, hatte jedoch einen geringen Tiefgang und blieb auch mit einer kleinen Mannschaft manövrierfähig. An Bord befanden sich 94 Mann, darunter der Astronom Charles Green, Alexander Buchan, ein ausgewiesener Maler, Sydney Parkinson, ein bewährter Naturzeichner, sowie der Schwede Carl Solander, ein Schüler von Linné. Sie waren von Joseph Banks engagiert worden. Banks selbst war zwar im Auftrag der Royal Society mit von der Partie, doch hatte er sowohl für die Teilnahme an der Entdeckungsfahrt als auch für die Ausrüstung eine große Summe, um die 10 000 Pfund, aus seiner Privatschatulle hingelegt. Dafür hatte er allerdings auch das Privileg erworben, seine beiden Lieblingshunde mitzunehmen. Am Achterdeck wurden extra sechs winzige Kabinen gebaut, jede etwas über zwei Meter lang und eineinhalb Meter breit, die von Cook, Banks, Green, Solander und zwei anderen Mitgliedern der Reisegesellschaft bewohnt wurden. Die Unterkünfte der restlichen Besatzung waren weit weniger luxuriös.

Cooks offizieller Auftrag lautete, nach der gerade neu entdeckten Insel Tahiti zu segeln, dort ein Observatorium zu errichten und im Juni 1769 den Venustransit, ein astronomisches Jahrhundertereignis, zu beobachten. Doch Cook hatte noch einen Geheimauftrag: Er sollte den großen Kontinent finden, den die Geografen auf der Südhalbkugel der Erde vermuteten. Nach kurzen Zwischenstopps auf Madeira, in Rio de Janeiro und Feuerland gelangte das Schiff über die Kap-Hoorn-Route in den Pazifik und landete im April 1769 auf Tahiti, wo die Männer tatsächlich den Venusdurchgang beobachten konnten. Von Tahiti aus nahm Cook Kurs Richtung Südwesten, um seinen geheimen Auftrag zu erfüllen. Anfang Oktober 1769 stieß er, 130 Jahre nach Abel Tasman, auf die Ostküste Neuseelands, die er entlangsegelte, kartierte und für die englische Krone in Besitz nahm. Am 31. März 1770 verließ die *Endea-*

vour Neuseeland und erreichte am 19. April die noch unerforschte Südostküste Australiens, wo sie in einer Bucht vor Anker ging. Cook taufte diese Bucht anfänglich »Stingray Bay« aufgrund der vielen gleichnamigen Fische, die dort zu finden waren, änderte den Namen jedoch später in »Botany Bay«, da Banks und Solander eine große Kollektion bis dahin unbekannter Pflanzen verzeichneten. Dazu gehörten verschiedenste heute auch bei uns populäre Arten wie Akazien und Mimosen.

Von der Botany Bay aus segelte Cook an der Küste entlang weiter nach Norden und erreichte Ende August 1770 die Durchfahrt in den Indischen Ozean. Durch die Torresstraße segelte er Richtung Batavia und von dort aus um das Kap der Guten Hoffnung herum zurück nach England, wo er am 12. Juni 1771 im Heimathafen vor Anker ging. Während dieser ersten Weltumsegelung durch Cook, die zwei Jahre, neun Monate und 17 Tage dauerte, erkrankten zwar mehrfach Mitglieder der Besatzung an Skorbut, doch kein einziges starb an der gefürchteten Krankheit. Wer oder was hatte dies bewirkt? Waren es die von der Marine als Proviant mitgegebenen antiskorbutischen Mittel – die »portable soup« (ein getrockneter Fleischextrakt, Vorgänger des heutigen Suppenwürfels), das Sauerkraut, der Karottensirup, der »Saloup« (ein Extrakt aus Orchideenwurzeln), der »Rob« (ein dick eingekochter Saft aus Zitronen und Orangen) –, oder waren es die frischen Kräuter und Pflanzen, die Cook während der Landgänge sammeln ließ, um die Nahrung der Seeleute zu ergänzen? Cook war davon überzeugt, dass der Fleischextrakt und das Sauerkraut sehr viel zur Gesunderhaltung beigetragen hätten.

Bereits kurze Zeit nach seiner Rückkehr erhielt Cook den Auftrag für eine zweite Expedition: Am 13. Juli 1772 stachen die *Resolution* und die *Adventure* von Plymouth aus in See. Bei beiden Schiffen handelte es sich, wie schon bei der *Endeavour*, um umgebaute Kohlenschiffe. An Bord der *Resolution* befanden sich außer der Besatzung der Astronom William Wales, der Naturforscher Johann Reinhold Forster und sein erst 17-jähriger Sohn Georg sowie der Landschaftsmaler William

Hodges. Eigentlich hatte Joseph Banks auch die zweite Reise Cooks als Naturforscher begleiten wollen. Da er und seine Begleiter, insgesamt 17 Mann, unter ihnen sechs Diener und zwei Hornbläser, nicht auf ihren gewohnten Komfort verzichten mochten, wurde die *Resolution* nach Banks' Wünschen ausgebaut. Mit einem Empfang für die Londoner Prominenz feierte er am 2. Mai 1772 den Abschluss der Arbeiten. Einige Tage später bei einer Probefahrt erwies sich das Schiff jedoch als kopflastig und seeuntüchtig, weshalb alle Umbauten trotz Banks' heftiger Proteste rückgängig gemacht wurden. Daraufhin verzichtete dieser beleidigt auf die Teilnahme an der Expedition, und Reinhold Forster wurden die Aufgaben eines Naturforschers übertragen.

Drei Jahre und 18 Tage dauerte diese Reise, bei der neben Neuseeland, den Tongainseln, Neukaledonien, Tahiti und den Marquesasinseln auch die Osterinsel erkundet wurde. Nur vier der 112 Mann starken Besatzung der *Resolution* starben auf dieser Entdeckungsfahrt um die Welt, jedoch nicht an Skorbut. Cook hatte zahlreiche, für die damalige Zeit bemerkenswerte Maßnahmen ergriffen. Da er an die schützende Wirkung von Sauerkraut glaubte, nahm er 20 000 Pfund davon sowie 5000 Pfund gesalzenes Kraut mit an Bord der *Resolution.* Beim Zwischenstopp in Madeira kamen 10 000 Bündel Zwiebeln hinzu. Zweimal die Woche, in südlichen Breiten noch öfter, erhielt jedes Besatzungsmitglied ein Pfund Sauerkraut. Cook und die ihn begleitenden Naturkundler sowie der Schiffsarzt gingen mit gutem Beispiel voran und aßen die gleiche Menge. Verweigerten die Matrosen die angebotene Kost, griff Cook zu drakonischen Maßnahmen und ließ die Betreffenden auspeitschen. Neben Sauerkraut wurde, wann immer möglich, Frischkost gereicht. Wie schon bei der ersten Reise wurden bei Landgängen verschiedene Kräuter – insbesondere Wilder Sellerie und Löffelkraut *(Cochleara officinalis)* – gesammelt, die die Nahrung ergänzten. Auf bewohnten Inseln kaufte Cook Kokosnüsse, Brotfrucht und Bananen, Fische, Schweine und Geflügel. Auch Pampelmusen, von Georg Forster in seiner *Reise um die Welt* als »Shaddocks« bezeichnet, sowie Yamswurzeln erweiterten das Spektrum an frischer Nahrung. Neben diesem Ernährungsprogramm standen das regelmäßige Trinken von Frischwasser, die Körperhygiene sowie längere Erholungspausen für die Besatzung im Mittelpunkt der von Cook erlassenen Vorschriften zur Skorbut-Prophylaxe.

Wie Linds Erkenntnisse fand das Versorgungsprogramm Cooks in der Royal Navy kein Gehör, und es vergingen noch viele Jahre mit Tausenden von toten Seeleuten, bis 1795 Zitrusfrüchte im Kampf gegen Skorbut systematisch eingesetzt wurden. Ab dieser Zeit erhielt jeder britische Matrose der Kriegsmarine eine tägliche Ration »lime juice«. Der Spitzname »Limeys« der englischen Seeleute wird darauf zurückgeführt. Erst fünfzig Jahre später übernahm die Handelsmarine diese Vorschrift.

Schwarze Bohnen, frisch gebrüht

Ei! wie schmeckt der Coffee süße,
Lieblicher als tausend Küsse,
Milder als Muskatenwein.
Coffee, Coffee muß ich haben,
Und wenn jemand mich will laben,
Ach, so schenkt mir Coffee ein!

Kaffeekantate von Johann Sebastian Bach, 1734/35,
Text von Christian Friedrich Henrici

Der »Türkentrank«

Der Kaffee, den wir trinken, hat einen weiten Weg hinter sich: Er stammt aus Brasilien, Vietnam, Kolumbien, von der Elfenbeinküste oder aus einem der vielen anderen Länder der Erde, in denen heute die verschiedensten Kaffeevarietäten angebaut werden. Kaffee, vor 400 Jahren in Europa noch eine unbekannte Spezialität, ist heute ein Alltagsgetränk. Der durchschnittliche Pro-Kopf-Verbrauch im Jahr beläuft sich in Deutschland auf 150 Liter, das entspricht einer täglichen Menge von vier Tassen. Damit liegt der Konsum von Kaffee höher als der von Bier oder Mineralwasser. Ungefähr 1,1 Millionen Tonnen der Aromabohnen wurden dafür 2008 importiert. Der mit Abstand weltgrößte Kaffeeproduzent und -exporteur ist Brasilien. Über 29 Millionen Sack Rohkaffee (je 60 bis 70 Kilogramm) wurden 2008 von Brasiliens Häfen aus in alle Welt versandt; damit hält das Land knapp 32 Prozent Anteile am Weltmarkt. An zweiter Stelle der Exportstatistik steht heute Vietnam, das Kolumbien auf den dritten Platz verwiesen hat.

Ursprünglich in Afrika beheimatet, wächst Kaffee heute in mehr als 50 Ländern der Tropen und Subtropen. Mehr als 95 Prozent der Gesamtproduktion entfallen auf die Sorten Robusta und Arabica. Robusta gedeiht am besten in einer Höhe von 300 bis 800 Metern, während Arabica Lagen von 600 bis 1200 Metern bevorzugt. Kaffeebäume können eine Wuchshöhe von vier bis acht Metern erreichen, in Plantagen hält man sie jedoch auf ein bis zwei Meter Größe, um die Ernte zu erleichtern.

Der Augsburger Kaufmannssohn, Arzt und Botaniker Leonhart Rauwolf beschrieb in seinem erstmals 1582 erschienenen Bericht über die *Raiß in die Morgenländer* den Genuss des stimulierenden Getränks durch die Bewohner von Aleppo: »Unter andern habens ein guet getränck, welliches sie hoch halten, Chaube von jnen genennet, das ist gar nahe wie Dinten so schwartz und in Gebresten, sonderlich dess Magens, gar dienstlich. Dises pflegens am Morgen frü, auch an offnen orten, von jedermeniklich one alles abscheuwen zutrincken, auß jrrdinen vnnd Porcellanischen tieffen Schälein, so warm alß sies könden erleiden [...]. Dieser Tranck ist bey jnen sehr gemein, darumb dann deren, so da solches ausschencken, wie auch der Krämer, so die Frücht verkauffen, in Batzar hin jnd wider nit wenig zu finden; so haltens das auch wol so hoch vnd gesund seyn, als wir bey vns den Wermutwein oder noch andere Kräuterwein.«

Rauwolf hielt sich zwischen 1573 und 1576 im Auftrag des Augsburger Handelshauses Melchior Manlich und Mitverwandte in der Levante auf. Als armenischer Händler verkleidet, bereiste er die syrischen und mesopotamischen Provinzen des Osmanischen Reiches. An Bord der *Sante Croce* erreichte er am 30. September 1573 von Marseille kommend Tripolis im heutigen Libanon. Von hier aus reiste er nach Aleppo, wo er nahezu ein Dreivierteljahr lebte und die Gebräuche, Sitten und Gewohnheiten der Einwohner erkundete. In Aleppo lernte er auch den von ihm beschriebenen »Türkentrank« kennen. Auf der Suche nach einem Weg zu den Schätzen Indiens kam Rauwolf bei einer abenteuerlichen Fahrt auf dem Euphrat bis nach Bagdad. Hier musste er seine Reise vorzeitig abbrechen und seinen Plan, über die Straße von Hormuz nach Indien zu gelangen, aufgeben. Dieser Umstand hat ihm wahrscheinlich das Leben gerettet, denn ein ehemaliger Reisegefährte erlitt auf dem Seeweg nach Indien Schiffbruch und kam dabei um, während Rauwolf unbeschadet über Mossul und das Land der Kurden wieder Aleppo erreichte. Über Tripolis und Venedig kehrte er 1576 nach Augsburg zurück. Seine von der Reise mitgebrachten Samen exotischer Pflanzen gingen im heimatlichen Augsburg zwar auf, doch überstanden die Sprösslinge den Winter nicht.

Eine erste Abbildung und eine Beschreibung des Kaffeebaums findet sich im Werk *De Plantis Aegypti* des in Padua lehrenden Botanikers Prosper Alpinus (1553–1617), das 1592 in Padua erschien. Alpinus hatte ihn bei seinem dreijährigen Aufenthalt in Ägypten kennengelernt und ordnete das dort aus den Bohnen dieser Pflanze hergestellte Getränk den Heilmitteln zu. In der Folge fanden immer mehr Berichte von Orientreisenden, Gelehrten, Diplomaten und Gesandten, Kaufleuten und Seefahrern über den »Türkentrank« ihren Weg nach Europa. Kaufleute, die im Levantehandel tätig waren, und Orientreisende brachten die Bohnen sowie die zur Zubereitung notwendigen Utensilien mit nach Hause.

Die Heimat des Kaffees liegt ursprünglich im äthiopischen Hochland, in den bergigen, tropischen Regionen der Provinzen Gomara und Enarea. Hier wuchs der wilde Kaffeestrauch, die Stammpflanze unseres heutigen *Coffea arabica L.* Von Äthiopien aus kam er wahrscheinlich im 14. Jahrhundert auf die Arabische Halbinsel, nach »Arabia Felix«, genauer: in den heutigen Jemen, wo er in größerem Umfang kultiviert wurde. Wie und durch wen der Strauch oder keimfähige Bohnen über das Rote Meer an die gegenüberliegende Küste gelangten, liegt im Dunkeln.

Verbreitet wurde der Kaffee, besser gesagt, die Kaffeebohne, einerseits über Mokka, eine Hafenstadt mit damals mehr als 10 000 Einwohnern am Ausgang des Roten Meeres im Südjemen, andererseits über den Levantehandel. In Säcken aus Ziegenleder wurde er mit Kamelen aus dem Landesinneren an die Küste transportiert und über Jeddah, den Hafen von Mekka, mit Lastschiffen nach Suez und von dort auf dem Landweg nach Alexandria und Kairo. Von hier wurde er über die bekannten Karawanenstraßen ins gesamte Osmanische Reich und auf türkischen Galeeren in den Mittelmeerraum bis nach Venedig und Marseille gebracht.

Seit Beginn des 17. Jahrhunderts liefen Schiffe der englischen und der niederländischen Ostindien-Kompanie Mokka am Roten Meer an, um neben Seide, Zucker und Gewürzen Kaffee zu laden. Anfänglich war der Kaffee vorwiegend für den innerasiatischen Markt bestimmt, der von den Ostindien-Kompanien beliefert wurde. Im Mittelpunkt stand dabei die indische Hafenstadt Surat an der Malabarküste, die als Handelsdrehscheibe fungierte. Ab Mitte des 17. Jahrhunderts kann man dann von einem mehr oder weniger regelmäßigen Transport von Kaffeebohnen, wenn auch nur in geringen Mengen, rund um das Kap der Guten Hoffnung nach London und Amsterdam sprechen. Zunächst kamen nur einige wenige in den Genuss des daraus zubereiteten Getränks. Erst Anfang des 18. Jahrhunderts fand die Mode, Kaffee zu trinken, in Europa weitere Verbreitung, und der Kaffee entwickelte sich zu einem wichtigen Exportgut.

Lange Zeit blieb der Kaffeeanbau auf kleinere Gebiete Äthiopiens und den jemenitischen Raum beschränkt, da die dortigen Herrscher die Ausfuhr von Pflanzen und keimfähigen Samen verboten. Angeblich wurden die Kaffeebohnen mit heißem Wasser behandelt oder geröstet, um ein Auskeimen zu verhindern. Baba Buban, ein Mekka-Pilger, soll der Erste gewesen sein, dem es Anfang des 17. Jahrhunderts gelang, einige unbehandelte Samen außer Landes zu schmuggeln. Mit diesen soll der Kaffeeanbau in Südindien begonnen haben. Den Holländern, besser gesagt, ihrer Ostindien-Kompanie, blieb es letztendlich vorbehalten, den Kaffeeanbau in großem Maßstab in ihren Kolonien zu begründen. Allerdings wissen wir bis heute nicht, wann und wie dies erfolgte: Erreichte wirklich bereits 1616 die erste Kaffeepflanze aus Mokka kommend Amsterdam, und gelangten tatsächlich schon 1658 Nachkommen dieser Pflanze nach Ceylon? Sicher ist nur, dass im späten 17. Jahrhundert an der Malabarküste Indiens und auf Java in der Nähe des heutigen Jakarta erste Zuchtversuche mit Kaffeepflanzen durch Mitglieder der holländischen Ostindien-Kompanie erfolgten. Belegt ist außerdem, dass 1712 die ersten Kaffeebohnen aus Java – ganze 894 Pfund – in Amsterdam öffentlich versteigert wurden. 20 Jahre später wurden allein in Indonesien jährlich 1,2 Millionen Pfund Kaffee produziert. Das jemenitische Kaffeemonopol war endgültig gebrochen.

Doch nicht nur Kaffeebohnen aus Java erreichten Anfang des 18. Jahrhunderts Holland, sondern auch Schösslinge, die im Botanischen Garten von Amsterdam kultiviert und vermehrt wurden. Über diesen Umweg trat die Kaffeepflanze ihre Reise über den Ozean nach Surinam an, wo sie ab 1712 angebaut wurde. Kurze Zeit später begann die Verbreitung des Kaffeeanbaus im tropischen Amerika, auf Martinique, Hispaniola, Kuba und Jamaika. Von hier aus gelangte die Pflanze auf das amerikanische Festland, zuerst nach Französisch-Guayana, dann nach Guatemala, Puerto Rico, Venezuela, Mexiko, Kolumbien und Brasilien. Gleichzeitig transferierten die Franzosen sie in ihre Kolonien im Indischen Ozean, auf die Inseln La Réunion und Mauritius. Bereits gegen Ende des 18. Jahrhunderts gehörte der Kaffee zu den am weitesten verbreiteten Kulturpflanzen in den Tropen.

Dabei war es keineswegs einfach, keimfähige Samen, Setzlinge oder Stecklinge über weite Strecken zu transportieren. Ihre Ausfuhr war meist verboten, weshalb sie außer Landes geschmuggelt werden mussten, und auch die lange Seereise war problematisch. Die Samen mussten trocken und bei konstanter Temperatur gelagert werden, und die Setzlinge benötigten ausreichend Licht und Wasser. Das war auf den engen, voll beladenen Segelschiffen, zumal bei stürmischer See, kein einfaches Unterfangen. Wenn überhaupt, so überlebten nur wenige Pflanzen eine längere Seefahrt. Die spektakuläre Reise von Kaffeepflänzchen aus dem Pariser Botanischen Garten über den Atlantischen Ozean nach Martinique hat denn auch Eingang in die französischen Geschichtsbücher gefunden. Nicht allein der Reise wegen, sondern weil die Franzosen den Anspruch erheben, dass es einer der Ihren war, der den Grundstein für die Kaffeeplantagen in der Karibik legte. Diese Meriten beanspruchen freilich ebenso die Holländer für sich.

Die Reise des Gabriel de Clieu

1714 erhielt Ludwig XIV. vom Amsterdamer Bürgermeister ein eineinhalb Meter großes Kaffeebäumchen als Geschenk. Der König ließ es im Jardin des Plantes hegen und pflegen. Es gedieh prächtig, blühte und lieferte Samen. Gabriel de Clieu, einem französischen Marineoffizier, gelang es in den 1720er-Jahren, Nachkommen dieser Pflanze nach Martinique zu transportieren. Die Umstände seiner Reise sind jedoch ebenso wenig zu klären wie seine Beweggründe für die Einführung des Kaffeeanbaus auf Martinique. Glauben wir dem Eintrag in der *Biographie Universelle,* so kam Gabriel-Mathieu d'Erchigny de Clieu in der Region Dieppe in der Normandie 1686 oder 1688 zur Welt. Er entschied sich früh für eine Karriere beim Militär, und um 1720 diente er als Infanteriekapitän auf Martinique. Private Gründe führten dazu, dass de Clieu nach Frankreich reiste. Hier gelang es ihm mithilfe einer nicht näher genannten Dame der Gesellschaft, der der Leibarzt des Königs keinen Wunsch abschlagen konnte, mehrere Schösslinge zu erhalten. Wahrscheinlich schiffte sich de Clieu mit seiner Beute 1723 in Nantes ein. Heinrich Eduard Jacob beschrieb in seinem 1934 erschienenen Band *Kaffee. Die Biographie eines weltwirtschaftlichen Stoffes* die folgende Reise als »jene Odyssee, jene effektvolle ›See voller Plagen‹, durch die das Schicksal den Import des Kaffees in die neue Welt scheinbar zu hindern entschlossen war«.

Um die kostbaren Gewächse vor Regen und Kälte zu schützen, setzte de Clieu sie in einen teilweise verglasten Kasten, eine Art tragbares Treibhaus. Tagsüber stand der Kasten an Deck, damit die Pflanzen genügend Sonnenlicht bekamen, und wurde von de Clieu selbst bewacht. Einem missgünstigen Mitreisenden – andere Anekdoten sprechen von einem niederländischen Spitzel – gelang es dennoch, den Kasten in einem unbeobachteten Moment zu öffnen und einen Zweig abzuknicken. Doch der Schössling überlebte. Er überlebte außerdem eine Begegnung mit tunesischen Piraten, einen heftigen Sturm und sogar den Mangel an Wasser, als das Schiff in einer Flaute festsaß. »Wasser wurde so knapp«, schrieb de Clieu, »dass ich über einen Monat gezwungen war, meine spärliche Ration mit meiner Pflanze zu teilen, von der ich mir so viel erhoffte und die mir so viel Freude machte.« Diese Pflanze, die als einzige die Strapazen der vierwöchigen Reise über den Atlantischen Ozean heil überstanden hatte, pflanzte de Clieu auf seinem Anwesen in Prêcheur auf Martinique. Sie gedieh so gut, dass sie bereits nach drei Jahren Früchte trug. 1777, drei Jahre nach de Clieus Tod, zählte man auf der Insel bereits mehr als 18 Millionen Kaffeebäume. Von Martinique aus gelangten keimfähige Bohnen und Setzlinge noch zu Lebzeiten de Clieus unter anderem nach Hispaniola, Guadeloupe und auf weitere karibische Inseln, die, getragen vom Plantagenanbau unter Ausbeutung unzähliger schwarzer Sklaven, in der zweiten Hälfte des 18. Jahrhunderts zum wichtigsten Kaffeeanbaugebiet für Europa avancierten.

Der Aufstieg des Kaffees

Nach Brasilien, heute wie schon erwähnt der weltgrößte Kaffeeproduzent, gelangte der Kaffeebaum wahrscheinlich Ende der 1720er-Jahre. Zu diesem Zeitpunkt kultivierten sowohl die Niederländer als auch die Franzosen bereits Kaffee im zwischen ihnen aufgeteilten Guayana. Beide Kolonialmächte waren auf das Monopol bedacht und verboten die Ausfuhr von Setzlingen sowie keimfähigen Bohnen und drohten sogar mit der Todesstrafe. Portugal war am Kaffeeanbau in seiner Kolonie Brasilien stark interessiert und griff, so die Anekdote, zu einer List, um an Setzlinge zu kommen.

Francisco de Melo Palheta, ein junger Brasilianer, sollte 1727, so sein offizieller Auftrag, einen Grenzkonflikt zwischen Französisch- und Niederländisch-Guayana schlichten. Er hatte aber noch eine weitere, eine für die Portugiesen wichtigere geheime Aufgabe zu erledigen: Kaffeesetzlinge zu besorgen. Während seiner Mission, die der charmante Offizier schnell und erfolgreich abschloss, soll er – so die Legende – zur Gattin des französischen Gouverneurs, Madame d'Orvilliers, zarte Bande geknüpft haben. Zum Abschied überreichte diese ihm in Gegenwart ihres ahnungslosen Gatten einen herrlichen Blumenstrauß, den de Melo Palheta für alle sichtbar in Händen hielt, als er an Bord seines Schiffes ging, das ihn zurück an die Mündung des Amazonas brachte. Im Strauß versteckt befanden sich Kaffeepflänzchen und reife Kaffeekirschen. Mit ihnen nahm der Kaffeeanbau in Brasilien in der Region um Pará im Norden des Landes – wenn auch nur langsam – seinen Anfang. Erst als die Pflanzungen nach 1780 auch die Regionen um São Paulo, Minas Gerais, Rio de Janeiro und Espírito Santo erreichten, begann der steile Aufstieg des brasilianischen Kaffees. Getragen wurde dieser Siegeszug von afrikanischen Sklaven, die bis zu ihrer Befreiung 1888 unter unvorstellbaren Bedingungen die harte Arbeit auf den immer größer werdenden Plantagen verrichteten. Bereits 1886/1887 bestritt Brasilien mit circa 360 000 Tonnen mehr als die Hälfte des weltweiten Kaffee-Exports, um bis zum Beginn des 20. Jahrhunderts mit etwa 600 000 Tonnen zum größten Kaffeeproduzenten der Welt aufzusteigen. Dafür waren der steigende Kaffeekonsum vor allem in Amerika sowie im Deutschen Reich und die damit verbundene starke Erhöhung der Nachfrage ausschlaggebend.

Waren in den Anfängen des Kaffeehandels Venedig, Marseille, die französischen Atlantikhäfen und London die wichtigsten Einfuhrhäfen in Europa, so entwickelten sich Ende des 18. Jahrhunderts Amsterdam und wiederum London zu den bedeutendsten Kaffeemärkten in Europa. Nach Deutschland, genauer gesagt, in die Hansestädte Hamburg, Bremen und Lübeck, gelangte der Kaffee anfänglich nicht direkt, sondern über Portugal, Frankreich und später Großbritannien. Erst nach dem Ende der Kolonialherrschaft in Süd- und Zentralamerika erreichten direkte Kaffeeimporte aus diesen Ländern die Hansestädte. Hamburg wurde gegen Ende des 19. Jahrhunderts zu einem der bedeutendsten Einfuhrhäfen in Europa für Kaffee aus Brasilien, Costa Rica, Guatemala und Westindien, während auf der anderen Seite des Ozeans New York diese Funktion übernahm. In Brasilien entwickelte sich Santos in der Nähe von São Paulo zum größten Kaffeeausfuhrhafen der Welt.

Eine Frage des Geschmacks

Kaffee wurde und wird meist in Säcken aus Jute, Flachs oder anderen Pflanzenfasern, die Feuchtigkeit absorbieren können, transportiert. Früher wurden die Säcke an Bord der Schiffe in Reihen gestapelt und mit Sackleinen oder Matten umhüllt. Dabei achtete man darauf, keine zu stark riechenden Waren in der Nähe zu lagern, da zum Beispiel schon wenige Säcke Pfeffer eine ganze Ladung Kaffee verderben konnten. Auch die Berührung mit Metall musste vermieden werden, da Kaffee leicht einen metallischen Geschmack annimmt. Heutzutage werden die Säcke – nach wie vor die gängige Verpackung – in der Regel nicht mehr im Bauch der Schiffe gestapelt, sondern in voll klimatisierte Container gepackt.

Mit dem Übergang vom Segel- zum Dampfschiff und der Eröffnung des Suezkanals verkürzte sich auch für Kaffee die Fahrtzeit erheblich. Hatte eine Überfahrt von Padang (Sumatra) oder Jakarta (Java) nach New York mit einem Segler bis zu fünf Monate gedauert, so veranschlagte man jetzt 50 bis 60 Tage. Die Reeder konnten noch größere Umsätze erzielen, doch die amerikanischen Kaffeetrinker vermissten nun die für die Kaffeebohnen aus Java typische bräunliche Färbung und den gewohnten Kaffeegeschmack. Denn während der langen Fahrt, eingeschlossen im Bauch der Segelschiffe bei fest verschlossenen Luken, die erst in New York wieder geöffnet wurden, hatten sich die grünen Bohnen verändert. Immerhin wurde zweimal der Äquator überquert, und die hohen Temperaturen dort verbunden mit einer hohen Luftfeuchtigkeit führten dazu, dass die Bohnen einen »Schwitzprozess« durchmachten, bei dem sich nicht nur ihre Farbe änderte, sondern auch das Aroma leicht muffig oder modrig wurde. In den Augen der Kaffee-Experten führte dieser Geschmack, wenn er nicht zu ausgeprägt war, zu einer Verbesserung der Qualität, die einen höheren Preis rechtfertigte. Schiffskapitäne erhielten sogar Gratifikationen, wenn die Bohnen beim Anlanden in New York in die Kategorie »extra brown« eingestuft werden konnten. Wahrscheinlich war die Nachfrage nach diesem Rohkaffee durch die amerikanischen Hausfrauen ausgelöst worden, die damals die Bohnen noch selbst rösteten. Sie wussten, dass die zunächst grünen Kaffeebohnen, je älter sie wurden, ihre Farbe änderten und an Geschmack gewannen.

Mit der Ankunft der *Padang* an Weihnachten 1915 im New Yorker Hafen endete auf dieser Route der Transport von Kaffee mit Segelschiffen, weshalb die Kaffeeröster versuchten, den natürlichen »Schwitzprozess« während der langen Segeltour zu imitieren, indem sie die Kaffeebohnen in Dampf erhitzten – anscheinend jedoch ohne rechten Erfolg: Die Nachfrage nach der Sorte »extra brown« ging stark zurück. Heute können wir eine Kaffeespezialität aus Indien erwerben, die als »monsooned« bezeichnet wird. Die Kaffeebohnen werden während des Monsuns wochen- oder auch monatelang in offenen Lagerhäusern der Witterung ausgesetzt und durchlaufen dabei einen Prozess, der demjenigen während der früheren Transporte mit Segelschiffen ähnlich sein soll. Ob der teure Kaffee jedoch genauso schmeckt wie damals, wird sich kaum klären lassen.

Kostbare Gewürze

Spezereien um jeden Preis

Exotische Gewürze wie Ingwer, Muskatnuss, Gewürznelken, Pfeffer, Safran und Zimt eroberten bereits im Mittelalter die Tafel der weltlichen und geistlichen Aristokratie Europas. Gewürze waren kostbare Handelsgüter, die von Indien und Südostasien Tausende von Kilometern auf dem Land- und Seeweg nach Europa, vornehmlich zu den italienischen Hafenstädten, gebracht wurden. Venedig und Genua waren bis ins späte Mittelalter hinein die wichtigsten Umschlagplätze für die Waren des Levantehandels und erhielten ihre Gewürze fast ausschließlich vom Spezereimarkt in Alexandria.

Die Haupttransportroute führte entweder über den heute als Seidenstraße bezeichneten zentralasiatischen Karawanenweg oder mit Dauen über den Indischen Ozean nach Hormuz am Persischen Golf beziehungsweise über Aden am Eingang des Roten Meeres nach Jeddah. Da die im nördlichen Roten Meer vorherrschenden Winde eine Weiterreise mit Segelschiffen Richtung Suez erschwerten, wurden die Waren meist auf dem Landweg mit Kamelkarawanen durch die Wüste nach Kairo, Alexandria und Aleppo transportiert. Hier nahmen die Segler und Galeeren aus Venedig und Genua die wertvolle Fracht in Empfang und brachten sie in ihre Heimatstadt. Weiter ging es dann auf dem Rücken von Eseln über die Alpen nach Norden, wo die Kostbarkeiten schließlich auf den Tischen der Reichen landeten. Diese schätzten die Luxusgüter aus den verschiedensten Gründen: Pfeffer, Muskat, Zimt, Gewürznelken oder Safran wusste man nicht nur in der Küche gut zu gebrauchen, sie galten auch als Statussymbol und als Heilmittel – etwa gegen die Pest.

Besonders begehrt, weil außerordentlich rar, waren Muskatnuss und Macis (die Muskatnussblüte) sowie Gewürznelken. Der Muskatnussbaum wuchs damals fast nur auf den winzig kleinen Banda-Inseln der Südmolukken im Osten des Malaiischen Archipels, während der Gewürznelkenbaum nur auf den Inseln der Nordmolukken zu finden war, auf Ternate, Tidore, Bacan, Makian und Moti. Obwohl bereits zwischen dem 13. und 15. Jahrhundert ein reger Handel zwischen Indien und Europa herrschte, war die eigentliche Heimat der seltenen Spezereien den Europäern lange Zeit unbekannt, und nur einige wenige europäische Reisende erreichten diese Gebiete.

Mit der Entdeckung des Seeweges nach Indien und der Landung auf den sagenhaften Gewürzinseln, den Molukken, 1512 waren es die Portugiesen, die die Heimat von Muskat und Gewürznelken erstmals betraten. Sie rissen in der Folge einen Teil des Handels an sich, und Lissabon stieg zum Zentrum des Gewürzhandels auf. Bereits 1511 hatten die Portugiesen unter dem späteren Generalgouverneur Albuquerque Malakka erobert. Dieser sandte drei Schiffe aus, die das eigentliche Ziel der portugiesischen Handels- und Eroberungsfahrten, die Molukken, aufsuchen sollten. Widrige Wetterverhältnisse führten dazu, dass die Expedition unter António de Abreu nur zu den Banda-Inseln und nach Ambon gelangte. Ein Schiff hatten sie unterwegs aufgeben müssen, doch dessen Kommandant Francisco Serrão konnte die Dschunke eines chinesischen Händlers erwerben. Auf den Bandas kauften die Portugiesen die begehrten Gewürze und machten sich auf den Rückweg nach Malakka. Aber nur die beiden portugiesischen Schiffe mit einer Ladung Muskatnüsse und -blüten sowie Gewürznelken und mit genauen Karten und Zeichnungen der Seeroute an Bord schafften den Weg zurück. Serrãos Dschunke zerschellte während eines heftigen Sturms am Riff einer kleinen unbewohnten Insel westlich von Ambon. Hier gelang es ihm und seiner Mannschaft, Piraten, die sie überfallen wollten, zu überlisten und sie zu zwingen, sie nach Ambon zu bringen. Von hier aus kam

Serrão mithilfe Einheimischer nach Ternate, wo er sich für den Rest seines Lebens niederließ. In den folgenden Jahren bauten die Portugiesen ihre Handelsbeziehungen zu den Gewürzinseln weiter aus. Voll beladen mit den Kostbarkeiten, verließen ihre Schiffe die Inseln, um die Ware über den nahezu 15 000 Seemeilen langen Weg über den Indischen Ozean, um das Kap der Guten Hoffnung herum und weiter entlang der afrikanischen Küste nach Lissabon zu bringen.

Erst etwa hundert Jahre später wurden die Portugiesen durch die Niederländer verdrängt, als deren Vereinigte Ostindische Compagnie die Kontrolle über die Erzeugung und den Handel der begehrten Ware übernahm. Das heutige Jakarta wurde zur Drehscheibe des niederländischen Gewürzhandels in Asien, während zunächst Antwerpen und dann Amsterdam diese Rolle in Europa übernahmen. Um dieses Handelsmonopol durchzusetzen, schreckte die VOC vor Völkermord nicht zurück: 1621 wurden Tausende einheimische Bewohner der Banda-Inseln ermordet oder versklavt. Das fruchtbare Land wurde an niederländische Kolonisten vergeben, die ihre Ernte nur an die VOC liefern durften. Der plantagenartige Anbau von Muskatnussbäumen wurde auf wenige Inseln beschränkt, indem die Niederländer die Bestände auf anderen Inseln vernichteten und Neuanpflanzungen verboten. Um den Preis hoch zu halten, legten sie Höchstmengen für die Ernte fest, und im 18. Jahrhundert zündeten sie, um das Angebot knapp zu halten, die Vorratslager in Amsterdam an und schütteten Tausende Tonnen ins Meer. Ähnlich verfuhren die Niederländer bei den Gewürznelken. Zusätzlich sandte die VOC regelmäßig Truppen aus, um auf benachbarten Inseln, etwa Java und Sulawesi, Schösslinge von Muskatnuss- und Gewürznelkenbäumen, die als keimfähige Samen durch Vögel dorthin gelangt waren, zu suchen und zu vernichten. Gegen Schmuggler sowohl von Gewürzen als auch von keimfähigen Samen oder Schösslingen ging man mit drakonischen Maßnahmen vor: Sie wurden in Ketten gelegt oder gar zum Tode verurteilt. Trotzdem gelang es englischen Schiffen immer wieder, die niederländischen Kontrollen zu umgehen und Gewürznelken, Muskatnüsse und Macis zu erwerben, da die VOC zu keinem Zeitpunkt über eine ausreichende Anzahl an Schiffen in Asien verfügte, um den in ihren Augen illegalen Handel zu verhindern.

Pierre Poivre und seine Mission

Wirklich gebrochen wurde das Quasimonopol der Niederländer erst in den 1770er-Jahren durch Pierre Poivre (1719–1786), einen französischen Abenteurer. Er war Missionar, Kaufmann, Diplomat, Kolonialagent und Pflanzenjäger. Als Sohn eines wohlhabenden Lyoner Kaufmanns, der im Seidenhandel tätig war, erhielt er seine Erziehung in Lyon und Paris von Missionaren. Im Alter von 21 Jahren wurde er 1740 von der Pariser Société des Missions Etrangères nach Macao, Kanton und Tongking (der nördliche Teilstaat des damaligen Vietnams) entsandt. Nachdem er einige Monate in Macao und Kanton verbracht hatte, gelangte Poivre nach Cochinchina, dem südlichen Teil Vietnams. Eineinhalb Jahre später war er wieder in Macao, wo er vom Orden ausgeschlossen wurde, da er im Verdacht stand, Goldbarren unterschlagen zu haben. Bis zum Januar 1745 bereiste er Asien und betrieb private Geschäfte.

Poivres Rückfahrt nach Frankreich, die in Kanton begann, sollte für ihn ein lebensgefährliches Abenteuer werden. Der kleine französische Konvoi bestand aus drei Schiffen. Das Flaggschiff, die *Dauphin,* auf dem Poivre reiste, wurde zwischen Bangka und Sumatra von zwei englischen Kriegsschiffen angegriffen und gekapert. Bei dem Gefecht wurde Poivres rechter Unterarm zerfetzt. Er wurde von der brennenden und sinkenden *Dauphin* gerettet und an Bord der englischen *Deptford* gebracht. Während der Amputation, die aufgrund des einsetzenden Wundbrandes notwendig war – und wie damals üblich ohne Narkose durchgeführt wurde –, drohte ein Pulverfass zu explodieren, und der Schiffsarzt verließ fluchtartig seinen Patienten, ohne die Wunde abzubinden. Poivre überlebte auch dies und verbrachte die nächsten Tage in einer nassen Kabine bei unzureichender Nahrung und ohne Wasser. Die Engländer brachten die Beute und ihre Gefangenen nach Batavia, wo Poivre die nächsten Monate festsaß. Von Batavia aus führte ihn eine abenteuerliche Reise, auf der sein Schiff von Stürmen und durch Riffe bedroht und von Piraten geentert wurde, nach Mergui an der Westküste Thailands. Er blieb mehr als vier Monate, bevor er in einer nächsten Etappe nach Pondicherry an der Koromandelküste in Indien und von dort schließlich nach Mauritius weiterreiste. Hier hatte der französische Gouverneur François Mahé de La Bourdonnais einen Garten anlegen lassen, der ähnlich dem der Holländer am Kap der Guten Hoffnung der Versorgung französischer Schiffe mit frischen Nahrungsmitteln, gleichzeitig aber auch als Akklimatisierungsstation für europäische sowie außereuropäische Pflanzen dienen sollte. Einige Jahre später sollte dieser Garten, der nun Pamplemousse genannt wurde, Berühmtheit erlangen, denn in ihm wurden die ersten geschmuggelten Setzlinge und Samen von Muskatnuss- und Gewürznelkenbäumen angebaut.

Die weitere Rückfahrt Poivres verlief nicht weniger abenteuerlich: Von Mauritius aus gelangte er nach Martinique, wo er eine Passage auf einem holländischen Schiff nach Europa fand. Dieses wurde im Ärmelkanal von französischen Piraten aus Saint-Malo gekapert und fiel nach der Freilassung den Engländern in die Hände, die ihre Beute nach Guernsey brachten. Nach dem Frieden von Aix-la-Chapelle 1748 konnte Poivre endlich in seine Heimat reisen.

Bereits einige Monate später war Poivre wieder auf See, dieses Mal im Auftrag der französischen Compagnie des Indes, um in Cochinchina Handelsbeziehungen zu knüpfen und heimlich Kulturpflanzen zu sammeln, die er nach Mauritius bringen sollte. Von hier aus machte er sich – erneut in geheimer Mission – nach Manila auf, wo es ihm nach 18 Monaten endlich gelang, über einen Mittelsmann neun bewurzelte Muskatnussbaumsetzlinge zu erhalten. Zurück auf Mauritius, überließ er die Setzlinge – nur fünf hatten die Schiffsreise überlebt – der Obhut der Gärtner. Bouvet, der interimistische Gouverneur, rüstete ihm ein kleines, altersschwaches Schiff, die *Colombe,* aus, mit der Poivre wieder nach Manila in See stach, das er nach vier Monaten erreichte. Hier wurde das Schiff zwar überholt, doch seine Seetüchtigkeit blieb fraglich. Trotzdem ließ Poivre im Januar 1755 den Anker lichten und segelte südwärts.

Erst in den molukkischen Gewässern verriet er der Besatzung seinen Plan, Muskatnuss- und Gewürznelkenpflanzen zu besorgen und aus dem Hoheitsgebiet der Niederländer zu schmuggeln. Von da an riskierte Poivre mit jedem Tag, den er weiter in Richtung der Molukken segeln ließ, eine Meuterei der Mannschaft, die ihren Kopf nicht für diese verrückte Idee hinhalten wollte. Zum Glück für Poivre landete das Schiff jedoch auf Timor, einer portugiesischen Kolonie. Im dortigen Gouverneur fand er einen willigen Mitstreiter, der den alten Feinden – den Niederländern – eins auswischen wollte. Von ihm bekam Poivre elf Muskatnussbaumsetzlinge und eine Handvoll Gewürznelkenbaumsamen und machte sich damit auf den Rückweg nach Mauritius. Im Jahr darauf wollte er mit ausreichenden Mitteln zurückkommen, um weitere vom Gouverneur versprochene Samen entgegenzunehmen. Auf Mauritius angekommen, musste Poivre feststellen, dass die Pflanzen seiner letzten Reise eingegangen waren – ob durch Sabotage, wie er vermutete, oder durch Unachtsamkeit der Gärtner, bleibt offen. Nachdem die neuen Pflanzen versorgt waren und eine neuerliche Expedition zu den Molukken nicht zustande kam, kehrte er 1756 nach Frankreich zurück.

Erst 1768 sah Poivre Mauritius wieder: Als Intendant der Inseln Île de France und Île de Bourbon (das heutige La Réunion) konnte er seine Bemühungen, Muskatnuss- und Gewürznelkenbäume dort heimisch zu machen, wieder aufnehmen. Im Mai 1769 startete er mit der *Étoile du Matin* unter dem Kommando von Evard de Temign und der *Vigilant* unter Sieur d'Etcheverry eine neue Expedition Richtung Molukken. Nachdem die Schiffe Aceh auf Sumatra und Kedak auf der Malaiischen Halbinsel gestreift und das Südchinesische Meer überquert hatten, gelangten sie nach Manila, um von hier aus in Richtung der kleinen unbewohnten Insel Miao im Nordwesten von Ternate zu segeln. Hier sollten nach Angaben von Poivre die gesuchten Gewürze in Hülle und Fülle – und unkontrolliert von den Niederländern – wachsen. Nachdem sie zwei Tage die Insel durchkämmt hatten, mussten sie zu ihrer Enttäuschung feststellen, dass die Niederländer alle Gewürzpflanzen zerstört hatten.

Die beiden Schiffe trennten sich daraufhin; die *Étoile du Matin* segelte Richtung Timor, während die *Vigilant* Ceram zum Ziel hatte. Auf Ceram half ein von der VOC enttäuschter Niederländer den Franzosen, indem er sie zu der kleinen Insel Gueby schickte. Von der dortigen Bevölkerung wurden sie freundlich aufgenommen und erhielten Muskatnuss- und Gewürznelkenpflanzen sowie keimfähige Samen beider Arten. Auf ihrer Rückfahrt zum Treffpunkt mit der *Étoile du Matin* geriet die *Vigilant* im Hafen von Buton auf Celebes, dem heutigen Sulawesi, in eine brenzlige Situation, als sie von holländischen Kontrolleuren aufgesucht wurde. Diese glaubten jedoch der Lüge der Franzosen, auf dem Weg von Manila nach Jakarta durch einen Sturm vom Kurs abgekommen zu sein, und verzichteten auf eine genauere Untersuchung des Schiffes. Sie lotsten sie sogar durch die tückischen Riffe auf den »richtigen« Weg. Kaum waren die Niederländer außer Sicht, nahm die *Vigilant* ihren Kurs zum verabredeten Treffpunkt wieder auf, und am 24. Juni 1770 gingen die beiden Schiffe vor Mauritius vor Anker. Mit an Bord waren 450 Muskatnusspflänzchen, 70 kleine Gewürznelkenpflanzen und Tausende Muskatnüsse, von denen viele schon auskeimten, sowie eine Kiste mit Gewürznelkensamen.

Ein Jahr später wurde auf Weisung von Poivre die Expedition wiederholt, und auch dieses Mal erreichte eine große Anzahl an Pflänzchen und keimfähigen Samen Mauritius, die unter Poivres Anleitung dort und auf La Réunion angepflanzt wurden. Der Anbau war zwar nicht von großem Erfolg gekrönt, doch gelangten die Pflanzen von hier aus in andere französische Kolonialgebiete, so zum Beispiel auf die Seychellen sowie nach Cayenne, und Ende des Jahrhunderts wuchsen bereits Gewürznelkenbäume auf Sansibar und Muskatnussbäume auf Grenada in der Karibik. Das Quasimonopol der Niederländer war damit zu Fall gebracht, und in der Folge sanken die Preise für Muskatnüsse und -blüten sowie für Gewürznelken.

Die Wunderfrucht

Brot, das auf Bäumen wächst

Wer kennt sie nicht, den Kapitänleutnant William Bligh und die legendäre Meuterei auf der *Bounty* von 1789. Zig Bücher, einige sogar mit Millionenauflagen, sind darüber verfasst worden, und bis 1984 wurden fünf Spielfilme mit Errol Flynn, Clark Gable, Charles Laughton, Marlon Brando und Mel Gibson in den Hauptrollen gedreht. Doch bleibt der Hintergrund dieser abenteuerlichen, 30 000 Meilen weiten Reise meist verborgen: der Transport einiger Pflanzen im Auftrag der britischen Regierung von einem Ende der Welt ans andere. Genauso wie auch die zweite Fahrt von Kapitän Bligh, nämlich die geglückte Überführung von Brotfruchtpflanzen mit der *Providence* von Tahiti nach Jamaika.

Ursprünglich auf den südasiatischen Inseln beheimatet, gelangte der Brotfruchtbaum um 1400 v. Chr. auf die Inseln des Bismarck-Archipels in der Nähe von Papua-Neuguinea. Von hier aus verbreitete er sich mit den Menschen der Lapita-Kultur ostwärts nach Polynesien. Von Fidschi, Tonga und Samoa aus kamen die Ureinwohner Polynesiens mit ihren großen, seetüchtigen Doppelrumpfkanus um 500 v. Chr. über den offenen Ozean zu den Cookinseln, um 300 v. Chr. auf die Marquesas, und 100 Jahre später erreichten sie Tahiti. Obst und Gemüse wie Bananen, Kokosnüsse, Taro, Yams und die Brotfrucht, aber auch Tiere – Schweine, Hunde und Kammhühner – fanden so ihren Weg auf die Inseln der Südsee.

In Europa erschienen ab Ende des 16. Jahrhunderts zahlreiche Berichte über eine »Wunderfrucht«, die, wenn man sie röstete, nach langer, entbehrungsvoller Fahrt ausgehungerte Seeleute an frisches Brot erinnerte. Eine Beschreibung des Brotfruchtbaumes verdanken wir dem Portugiesen Pedro Fernández de Quirós (1563–1615), der 1595 als Navigator die spanische Expedition Álvaro de Mendañas zu den Marquesasinseln begleitete und 1605/06 selbst eine Entdeckungsfahrt im Auftrag der spanischen Krone im Südpazifik leitete. William Dampier, der englische Freibeuter und Entdecker, lernte den Brotfruchtbaum auf seiner Reise um die Welt 1686 auf den Marianeninseln kennen. Hier half die Brotfrucht seiner von Skorbut geplagten Mannschaft wieder auf die Beine. Doch erst die Berichte von Samuel Wallis, Louis-Antoine de Bougainville, James Cook und Joseph Banks führten zu einem größeren Interesse an der Frucht. Wallis hatte 1767 Tahiti für die westliche Welt entdeckt, und de Bougainville war dort ein Jahr später vor Anker gegangen und soll es in Anlehnung an die ägäische Insel Kithira, an deren Strand Aphrodite angeblich dem Meer entstieg, »La Nouvelle Cythère« genannt haben. Schon Cook hatte enthusiastisch berichtet, aber vor allem Banks' idealisierende Darstellung der Brotfrucht traf auf große Resonanz. Glaubt man seinen Beschreibungen, so war die Brotfrucht für das sorgenfreie Leben und die Zufriedenheit der Inselbewohner verantwortlich, da es »kaum gesagt werden kann, dass sie ihr Brot im Schweiße ihres Angesichts verdienen, wenn ihre Hauptnahrung Brotfrucht mit nicht mehr Anstrengung beschafft wird als der, auf einen Baum zu klettern und sie herunterzuziehen«. Auch Reinhold und Georg Forster schätzten bei ihrer Weltumsegelung mit Cook die Brotfrucht als nahrhafte und schmackhafte Kost, wobei Georg die tahitianische Zubereitungsart bevorzugte. Dabei wird die ganze Frucht auf heißen Steinen in der Erde gebacken, wohingegen die Europäer sie kochten.

Joseph Banks war nicht der Einzige, der von der Brotfrucht und ihren Einsatzmöglichkeiten schwärmte, er gehörte jedoch zu den treibenden Kräften, die für die Einführung der Pflanze auf den Westindischen Inseln warben. Seit den 1770er-Jahren suchten die englischen Pflanzer auf diesen Inseln nach einem billigen Nahrungsmittel, um damit die in ihren Zuckerrohrplantagen arbeitenden Sklaven zu versorgen. Sie fanden in Banks einen Lobbyisten, der ihr Interesse an der Beschaffung von Schösslingen des Brotfruchtbaums mit allen ihm zur Verfügung stehenden Mitteln unterstützte und seine Beziehungen zu Mitgliedern des Parlaments, zum Premierminister und nicht zuletzt zu König Georg III. spielen ließ. Wenige Jahre nach seiner Rückkehr nach London war Banks zum inoffiziellen Berater des Königs in botanischen Angelegenheiten aufgestiegen und begleitete »Farmer Georg«, wie der König häufig genannt wurde, bei seinen regelmäßigen Spaziergängen durch Kew Gardens.

Im Februar 1787 war es endlich so weit: Premierminister William Pitt kündigte dem Vorsitzenden des West-Indischen Komitees, Samuel Long, die Entsendung einer Expedition an, die Brotfruchtbäume zu den Inseln bringen sollte. Zu diesem Zeitpunkt war das Vorhaben noch mit einem anderen Unternehmen im Pazifik gekoppelt – dem Transport von Sträflingen nach New South Wales in Australien. Geplant war, sobald die Sträflinge in Botany Bay angelandet waren, ein Schiff auszurüsten und dieses über Neuseeland nach Tahiti zu senden, um dort die Pflanzen an Bord zu nehmen. Über Indonesien, Mauritius und das Kap der Guten Hoffnung sollte dann der Transport zu den Westindischen Inseln erfolgen. Banks unterstützte zunächst dieses Vorgehen, doch im März 1787 vertrat er plötzlich die Ansicht, es sei besser, die heikle Mission nach Tahiti direkt von England aus anzugehen. Warum die Regierung dieser Änderung zustimmte, ist nicht geklärt, aber schon Anfang Mai beauftragte der Innenminister Lord Sydney die Admiralität mit der Suche nach einem geeigneten Schiff und dessen Umbau.

Die *Bounty*

Die *Bounty* war ein 215 Tonnen schweres, 27,5 Meter langes und 7,5 Meter breites Segelschiff. Sie war ursprünglich unter dem Namen *Bethia* registriert und wurde für die Expedition in Deptford nach den Plänen von Joseph Banks umgerüstet. Die Kapitänskabine wurde bis zur hinteren Ladeluke vergrößert und zu einem Gartenhaus umfunktioniert. Man brachte Oberlichter sowie seitliche Öffnungen mit Gittern an, um die Pflanzen ausreichend mit Licht und frischer Luft zu versorgen. Ein Doppelboden mit Löchern, in die die Pflanzentöpfe eingesetzt werden konnten, wurde angebracht und ein Ofen montiert, um die Gewächse vor Kälte zu schützen. Am vorderen Ende der Kabine wurden Leitungen gelegt, um aus den Töpfen tropfendes Wasser aufzufangen; zusätzliche Wasserbehälter wurden an Bord gebracht. Immerhin 533 Pflanzgefäße sollten in der Kabine Platz finden. Für die 46 Mann an Bord blieb nicht besonders viel Raum übrig. Dem Kommandanten und dem Navigator standen nur kleine, fensterlose Kabinen bei der hinteren Luke zur Verfügung. Ein an den Aufgang zum Oberdeck anschließender Raum diente Ersterem als Schreibstube und Messe. Sechs Personen mit höherem Dienstrang teilten sich eine danebenliegende Kajüte. Die Räume der einfachen Seemänner lagen dahinter, wahrscheinlich nur durch eine Leinwand getrennt. Hier standen für 33 Mann zum Schlafen, Ausruhen und Kochen gerade einmal knappe sieben auf elf Meter bei einer maximalen Höhe von 1,70 Meter zur Verfügung. Der Bootsmann musste sich mit einer kleinen Kabine im Laderaum begnügen. Alles wurde auf die Bedürfnisse der Pflanzen ausgerichtet.

Zum Kommandanten der *Bounty* wählte Banks Kapitänleutnant William Bligh, der die dritte Reise Cooks als Navigator begleitet und in der Kaufmannsflotte gedient hatte, die zwischen England und den Westindischen Inseln operierte. In David Nelson, der ebenfalls die dritte Weltumsegelung Cooks mitgemacht und dabei Pflanzen für Kew Gardens gesammelt hatte, sah er einen geeigneten Gärtner, um die kostbare Fracht zu begleiten und zu pflegen.

Am Morgen des 23. Dezember 1787 lichtete die *Bounty* in Spithead mit fast dreiwöchiger Verspätung ihren Anker. Nach einem kurzen Zwischenaufenthalt in Teneriffa segelte Bligh Richtung Kap Hoorn, um in den Pazifik zu gelangen. Am Kap jedoch vereitelten schlechtes Wetter und schwere See die Weiterfahrt. Nach dreißig Tagen gab Bligh den

Kampf gegen Sturm, Hagel, Eis und haushohe Wellen auf und wich zum Kap der Guten Hoffnung aus. Hier wurde das Schiff überholt, und die Mannschaft konnte sich regenerieren, bevor die Reise durch den Indischen Ozean vorbei an Tasmanien und Neuseeland Richtung Südsee wieder aufgenommen wurde. Am 25. Oktober 1788 erreichte die *Bounty* nach einer Reise von zehn Monaten Tahiti, wo Nelson mit seinem Gehilfen sogleich mit der Arbeit begann. Fünf Monate später befanden sich 774 Töpfe, 39 Kübel und 24 Kästen mit 1015 Setzlingen des Brotfruchtbaums an Bord des Seglers. Daneben hatte Nelson im Auftrag von Banks verschiedene andere auf Tahiti heimische nützliche Pflanzen gesammelt und vermehrt, um sie mit nach Kew Gardens zu nehmen.

Am 4. April 1789 lichtete die *Bounty* ihren Anker, um die Reise zurück nach Kapstadt und von dort zu den Westindischen Inseln anzutreten. Doch bereits einige Tage später wurden Bligh und 18 loyale Seeleute in der Nähe der Tonga-Inseln in einem der Beiboote ausgesetzt und die Pflanzen über Bord geworfen. Bligh gelang es, das kleine, nur etwas über sieben Meter lange, zweieinhalb Meter breite und völlig überfüllte Boot in 48 Tagen bis zur 5400 Kilometer entfernten Insel Timor zu steuern, wo sie am 14. Juni 1789 die holländische Niederlassung Kupang erreichten. Das war sicherlich eine navigatorische Meisterleistung. Von hier aus kehrte Bligh über Jakarta auf dem holländischen Ostindienfahrer *Vlijt* nach England zurück, wo er im März 1790 ankam. Wie damals bei Verlust eines Schiffes üblich, musste er sich vor einem Kriegsgericht verantworten, wurde jedoch im Oktober desselben Jahres freigesprochen.

Das weitere Schicksal der Meuterer, die zunächst nach Tahiti zurücksegelten, ist aus Büchern und Filmen hinreichend bekannt. Einige ließen sich auf Tahiti nieder, wurden dort von der Strafexpedition, die die britische Admiralität aussandte, gefangen genommen, in England vor ein Kriegsgericht gestellt und verurteilt. Die Übrigen stachen unter der Führung von Fletcher Christian mit der *Bounty* wieder in See und gründeten auf der kleinen Insel Pitcairn mit den aus Tahiti mitgekommenen Frauen eine Kolonie. Ihre Nachfahren leben heute noch dort.

Blighs zweite Fahrt

Trotz des vorzeitigen Endes der Expedition der *Bounty* scheint das Projekt, Brotfruchtpflanzen nach Jamaika zu bringen, nie in Gefahr gewesen zu sein. Die Pflanzer der Inseln und auch Banks hielten weiter an der Idee fest, und es gelang ihnen, die dafür zuständigen staatlichen Stellen von ihrem Vorhaben zu überzeugen. Diese beauftragten im März 1791 eine neue Expedition, die wieder unter dem Kommando von William Bligh stand. Für den Transport der Pflanzen wählte Bligh die *Providence.* Sie war doppelt so groß wie die *Bounty* und sollte von der *Assistant,* einem kleinen Lastschiff, begleitet werden.

Wie schon die *Bounty* wurden die *Providence* und die *Assistant* in Deptford für die Reise umgebaut. Das schwimmende Gewächshaus *Providence* konnte um die 900 Pflanzentöpfe aufnehmen. Als die beiden Schiffe mit 134 *(Providence)* beziehungsweise 27 Mann und 20 Marinesoldaten *(Assistant)* am 3. August 1791 Spithead verließen, befanden sich Ananas- und Nektarinenpflanzen sowie diverses Saatgut an Bord. Nach einem kurzen Zwischenstopp auf Teneriffa erreichten die Schiffe am 6. November die Tafelbucht vor Kapstadt. Dort lud man weitere 240 Pflanzen – Feigen, Granatäpfel, Quitten und Weinreben – zu, die den beiden Gärtnern während der Reise als Versuchsmaterial dienen und schließlich auf den verschiedenen Inseln im Südpazifik verteilt werden sollten. Vom Kap der Guten Hoffnung ging die Fahrt durch den Indischen Ozean Richtung Adventure-Bucht in Tasmanien, in der die Schiffe am 9. Februar 1792 vor Anker gingen.

Bligh, der sowohl 1777 bei seiner Fahrt mit Cook auf der *Resolution* als auch 1788 mit der *Bounty* hier angelandet war, machte sich daran, die bei den beiden Aufenthalten gepflanzten Bäume und Gemüsepflanzen zu suchen. Obwohl ein kümmerlicher Apfelbaum alles war, was er fand, ließ er die Gärtner neue Bäume setzen. Neben je einem Feigen-, Granatapfel- und Quittenbaum, Eichen und einem Kastanienbaum pflanzten sie 20 Erdbeerpflanzen sowie Wasserkresse und Rosmarin. Auf der vorgelagerten Insel Penguin vergruben sie auf Blighs Geheiß Tannensamen,

Mandel-, Aprikosen- und Pflaumenkerne. Bevor Bligh wieder in See stach, hinterließ er an dem Baum, den schon Cook mit einer Inschrift versehen hatte, eigene Worte: »In der Nähe dieses Baumes pflanzte Kapitän William Bligh sieben Obstbäume, 1792«.

Von Tasmanien aus segelten die Schiffe südlich an Neuseeland vorbei Richtung Tahiti, wo sie am 10. April an Land gingen. In den folgenden drei Monaten sammelten die Gärtner, unterstützt von den Matrosen, Brotfruchtpflanzen sowie andere heimische Gewächse und setzten sie in die mitgebrachten Töpfe und Kisten. Außerdem pflanzten sie, was sie auf der *Providence* aus England, vom Kap der Guten Hoffnung und aus Tasmanien mitgebracht hatten: Ananas, Feigen, Granatäpfel, Weintrauben, Guaven, Mandeln, Orangen, Zitronen, Eichen, Tannen, Myrthen, Aloe, Banksia und eine Eukalyptusart sowie Mais und diverses Gemüse. Anfang Juli entschied Bligh, dass die gesammelten Pflanzen stark genug für die Seereise seien, und ließ sie an Bord bringen. Vorher wurden die Planken der Schiffsdecks abgezogen und mit kochendem Wasser geschrubbt, um die zahlreichen Schaben und anderes Ungeziefer zu töten, die der kostbaren Fracht hätten gefährlich werden können. Wie viele Gewächse an Bord gebracht wurden, ist nicht genau zu rekonstruieren. Während Bligh in seinen Aufzeichnungen von über 2600, darunter 2126 Brotfruchtsetzlinge, spricht, schrieben die beiden Gärtner in einem Brief an Banks, das Schiff sei mit 1686 Brotfruchtbäumchen sowie 310 Setzlingen kommerziell verwertbarer Pflanzen beladen worden. Darunter befanden sich Kochbananen, malaiische Äpfel, tahitische Kastanien, Kou-Bäume, deren Holz zur Möbelherstellung benutzt wurde, die tahitische Pfeilwurzel, aus deren stärkehaltigen Wurzeln Mehl gewonnen wurde – und 32 andere kuriose Pflanzen, die für Kew Gardens bestimmt waren.

Im Juli 1792 lichteten die beiden Schiffe die Anker und traten die Reise zur nächsten Station, Timor, an. Während dieser Fahrt erkundete und kartierte Bligh mehrere bis dahin unbekannte Inseln der Fidschi-Gruppe sowie die Torresstraße, ein Labyrinth aus zahlreichen Wasserstraßen, die von unzähligen kleinen Inseln, Felsen und Riffen unterbrochen wird. Bis zu diesem Zeitpunkt hatten nur einige wenige Seefahrer diese Passage bezwungen. Neben ihrem Entdecker und Namensgeber Luis Váez de Torres (1606) waren es James Cook mit der *Endeavour* (1770) und Bligh selbst, der sie nach der Meuterei auf der *Bounty* mit dem kleinen Beiboot durchfahren hatte.

Obwohl Bligh die Wasserrationen für die Besatzung kürzte, um mehr für die Pflanzen zu haben, ging circa ein Fünftel der Gewächse auf dieser Etappe der Reise aufgrund der brütenden Hitze ein. Jeder Seemann erhielt nur noch ein Pint Trinkwasser täglich, etwas mehr als ein halber Liter; außerdem wurden die Erbsensuppe und der Haferschleim mit weniger als der Hälfte der üblichen Wassermenge gekocht. Matthew Flinders, ein junger Leutnant zur See, berichtete, dass frisches Wasser immer so knapp war, dass er und die anderen Mitglieder der Besatzung die Tropfen vom Boden geleckt hätten, die beim Transport des Wassers zu den Pflanzen aus den Kübeln fielen.

In Kupang auf Timor wurde die Fracht durch in Europa meist unbekannte Gewächse mit exotisch klingenden Namen ergänzt. Darunter befanden sich unter anderem Mango-, Jackfrucht-, Jambo- (Rosenapfel) und Gurkenbäume, die Malaysische Stachelbeere und der Betelnussbaum. Von Timor aus ging die Fahrt quer über den Indischen Ozean, um das Kap der Guten Hoffnung nach St. Helena mitten im Atlantik. Hier wurde ein Teil der Pflanzen in den Botanischen Garten der Ostindien-Kompanie gebracht; dafür wurden 830 neue an Bord genommen, darunter auf Wunsch von Joseph Banks sechs Farnbäume, die für Seine Majestät bestimmt waren. Diese pflanzte man in große Körbe, um ihre Wurzeln nicht zu beschädigen. Die nächste Etappe führte die Schiffe in die Karibik nach St. Vincent, wo ein weiterer Pflanzenaustausch stattfand. Endlich, am 5. Februar 1793, erreichte die *Providence* Jamaika, und 346 Brotfruchtpflanzen sowie 244 verschiedene andere Gewächse gelangten hier an Land.

Der Kriegsausbruch zwischen England und Frankreich verhinderte eine sofortige Rückkehr der Schiffe in die Heimat. Erst vier Monate später, Mitte Juni 1793, konnte Bligh die Heimreise nach England antreten, wo er am 7. August, zwei Jahre und fünf Tage nach seiner Abfahrt, eintraf. An Bord der *Providence* befanden sich 1283 Pflanzen, die von den verschiedenen Stationen der Reise stammten und nach Kew Gardens zur weiteren Aufzucht gebracht wurden.

Der Ward'sche Kasten

Gefahren an Bord

Lebende Pflanzen über größere Strecken übers Meer zu bringen, war lange Zeit kein einfaches Unterfangen. Von Nord- oder Südamerika aus benötigten die Segelschiffe für ihre Fahrt nach Europa drei bis vier Monate, wenn sie aus Asien, Australien, Neuseeland oder von den Südseeinseln kamen, dauerte die Reise doppelt so lang – und unter schlechten Bedingungen noch länger. Im Normalfall überlebte nur eine von tausend Pflanzen den Transport. Schlechtes Wetter oder einfach nur andere klimatische Verhältnisse – Hitze, Kälte, plötzliche Temperaturschwankungen, zu trockenes oder zu feuchtes Klima – konnten schnell dazu führen, dass die empfindlichen Gewächse eingingen. Salziges Spritzwasser, Lichtmangel und unzureichende Belüftung bildeten ebenso ein Gefahrenpotenzial wie unzureichende Wässerung aufgrund von Süßwassermangel. Für die Kapitäne waren sie meist eine unbequeme Fracht, die sie daher gern an den ungünstigsten Stellen des Schiffes abstellten, und die wenigsten Seeleute mochten ihre Kabine und die ihnen vorbehaltenen Deckräume mit Pflanzen teilen.

Auch die nötige Aufsicht und Pflege der sensiblen Fracht wurde oftmals vernachlässigt; meist waren einfach zu wenige Matrosen an Bord, weshalb das Öffnen der Kisten zur Belüftung der Pflanzen oder das regelmäßige Gießen unterblieben. Der an Botanik interessierte Arzt Archibald Menzies (1754–1842), der an der Expedition unter George Vancouver zur Erforschung und Kartografierung der nordamerikanischen Pazifikküste von Kalifornien bis Alaska teilnahm, sollte dies am eigenen Leib erfahren. Er war auf Empfehlung von Joseph Banks an Bord der *Discovery,* auf der extra ein kleines Gewächshaus für besondere Pflanzen eingerichtet worden war. Solche »Pflanzenkabinen« oder »Gartenställe« (»garden hutches«) wurden auf Banks' Vorschlag hin auf mehreren Schiffen an von ihm festgelegten Positionen an Deck aufgestellt. Während der über viereinhalbjährigen Fahrt, bei der 65 000 Meilen zurückgelegt wurden, kam es immer wieder zu Meinungsverschiedenheiten zwischen Menzies und Vancouver, die darin gipfelten, dass Menzies die letzten drei Monate der Reise in seine Kajüte verbannt wurde. Da auch der auf Banks' Wunsch eigens dafür abgestellte Matrose die Pflanzen nicht mehr pflegen durfte, gingen sie fast alle ein. Nur einige wenige Setzlinge, die Menzies aus seltsam aussehenden »Nüssen« gezogen hatte, überlebten die Fahrt. Diese »Nüsse« waren – so wird erzählt – 1795 anlässlich eines Banketts des spanischen Vizekönigs im chilenischen Valparaíso zum Dessert serviert worden, und Menzies hatte einige davon in seiner Hosentasche verschwinden lassen und später an Bord der *Discovery* in Kästen gepflanzt. Es waren Samen der chilenischen Andentanne *(Araucaria araucana),* einer immergrünen Konifere, die im Englischen »Monkey Puzzle Tree« genannt wird. In den milden Gegenden Europas sollte sie bald zu einem beliebten Park- und Zierbaum werden.

Bei stürmischer See wurden Pflanzen oftmals einfach über Bord geworfen. Selbst ganze Gewächshäuser, die voll beladen bis zu drei Tonnen wogen – in Gefahrensituationen ein zu großes Gewicht –, nahmen diesen Weg. So wurden etwa, nachdem die *Guardian* 1789/90 auf ihrer Fahrt von England nach Australien mit einem Eisberg kollidiert war, die mit Obstbäumen gefüllten »Gartenställe« kurzerhand ins Meer gekippt.

Daneben drohten den Pflanzen und Samen weitere Gefahren: Ratten und anderes Ungeziefer sowie frei laufendes Geflügel bevölkerten die Schiffe in großer Anzahl. Sie verschlangen jedes Körnchen, ohne Rücksicht darauf, ob es vielleicht ein exotischer Samen war. Zu einem eher ungewöhnlichen Mittel griff Franz Boos, um einer Rattenplage

Herr zu werden, die seine Schätze bedrohte. Boos nahm 1783 als Gärtner an einer im Auftrag Josephs II. durchgeführten Expedition nach Amerika teil. Die Rückreise von Charleston nach London dauerte sechs Wochen und zwei Tage. Dort musste man zwei Wochen auf die Genehmigung zur Weiterfahrt warten. Das Transportgut – die von Boos gesammelten und zusammengestellten Pflanzen und Tiere – war nach den Wünschen und Vorstellungen von Franz Joseph Märter, dem offiziellen Expeditionsleiter, auf den beiden Schiffen untergebracht worden, und Märter hatte eine Veränderung der von ihm angeordneten Aufstellung verboten. Boos berichtete, die botanische Sammlung sei bei der Einschiffung zu jedermanns Bewunderung groß und schön gewesen, »allein warum Herr Märter solche unbedeckt überbringen wollte, ist mir unbekannt. Die große Menge Ratzen frasen erstlich Blätter und Zweige, als ich bei üblen Wetter 9 Tage nicht dazu sehen konnte, hatten sie von einem großen Theil die Rinde abgebissen und viele aus der Erde gegraben, aus Furcht alles zu verlieren, ließ ich gegen den Willen des Kapitäns die Racoons [die Waschbären] los, welche die Ratten zerstörten und alles übrige retteten.«

Alle diese Schwierigkeiten und möglichen Probleme führten dazu, dass noch 1833 die Zeitschrift *The Gardener Magazine* den Zahlmeister eines Ostindienfahrers beglückwünschte, weil er acht von 29 Azaleen unbeschädigt von Kanton nach London gebracht hatte.

Mit der Zunahme des Schiffsverkehrs zwischen Europa und anderen Kontinenten gelangten immer mehr exotische Pflanzen in unsere Breitengrade. Allein dank der von Nicolaus Jacquin im Auftrag von Kaiser Franz I. in den Jahren 1755 bis 1759 durchgeführten Expedition in die Karibik und zu den Küsten Venezuelas erreichten mehr als tausend bis dahin in Europa unbekannte Heil-, Nutz- und Zierpflanzen, darunter Ananasvarietäten, Kakteen, Euphorbien, Bromelien, Zimt- und Kakaopflanzen sowie Zuckerrohr, unbeschadet die Residenzstadt Wien und wurden im Park von Schönbrunn kultiviert. Ganze Tropenbäume hatten die lange Seereise wie auch den mühseligen Landtransport auf Fuhrwerken überstanden. Ihre Wurzeln und Erdballen hatte man mit

Bananenblättern umhüllt und mit Bast verschnürt. Leider gingen nach einer kalten Winternacht 1780 viele dieser Pflanzen ein. Man machte die Gärtner dafür verantwortlich, obwohl die Kälte – so das Wiener Diarium – Ende Dezember sogar zu Eisstößen auf der Donau geführt hatte.

John Claudius Loudon (1783–1843), einer der bekanntesten Botaniker und Landschaftsarchitekten, gibt in seiner 1822 erschienenen *Encyclopedia of Gardening* darüber Auskunft, wie viele verschiedene Pflanzen nach Großbritannien eingeführt wurden. Bis zu Beginn des 19. Jahrhunderts sollen etwa 11 000 Arten dorthin transferiert worden sein – die meisten, mehr als 6700, zwischen 1760 und 1817 während der Regierungszeit von Georg III. und auf Betreiben von Joseph Banks. Sie kamen aus den englischen Kolonien aus dem heutigen Südostasien, aus Australien sowie Südafrika. Nicht nur auf die britische Insel, auch nach Frankreich fanden immer mehr exotische Pflanzen ihren Weg, besonders nachdem 1726 Ludwig XV. in einem Erlass angeordnet hatte, dass alle Kapitäne der französischen Kriegs- und Handelsflotte in fremden Ländern nach interessanten Gewächsen Ausschau halten sollten.

Um die Pflanzen vor Gefahren zu schützen und heil nach Hause zu bringen, unternahmen Naturforscher und Pflanzensammler die verschiedensten Versuche und ließen die unterschiedlichsten Transportbehälter bauen. Samen wurden mit Bienenwachs, Zucker und feuchtem Lehm beschichtet oder in Watte oder Moos verpackt, um sie vor dem Meerwasser zu schützen. Größere Pflanzen wurden in Fässern oder speziellen Transportgefäßen, meist aus Holz, verstaut, in denen sie einen festeren Stand hatten und den Widrigkeiten des Wetters weniger ausgesetzt waren. Ihre Wurzelballen – bei kleineren Exemplaren auch das gesamte Gewächs – wurden in Papier, Lumpen oder große Blätter zum Beispiel von Bananenstauden gewickelt. Um sie vor den gefräßigen Ratten zu schützen und eine gute Belüftung zu ermöglichen, hängte man eingepackte Pflänzchen und Sämereien in Netzen unter die Decke der Kabine. Selbst ein erfahrener Naturreisender wie Nicolaus Jacquin konnte jedoch dem Wiener Hof 1791 keine konkreten Angaben zum sicheren Transport von Pflanzen vom Kap der Guten Hoffnung nach Europa machen, außer dass er eine ausreichende Belichtung für notwendig halte.

Eine wertvolle Erkenntnis

»Heutzutage reisen Bäume und Kräuter so bequem und sicher von Europa nach China und umgekehrt, wie nur immer ein Passagier erster Klasse. Man pflanzt sie in Kisten, deren Boden mit Erde gefüllt und deren Deckel durch ein wasserdicht eingekittetes Glasfenster ersetzt ist; oder noch besser man säet die Samen in die Kiste, um vielleicht erst nach Jahr und Tag am Bestimmungsort die erwachsene Pflanze, die auf der langen Reise gekeimt und gross geworden, in Empfang zu nehmen.« Mit diesen Worten wurde 1862 in *Bonplandia. Zeitschrift für die gesamte Botanik* eine Apparatur beschrieben, die den Transport von Pflanzen über weite Strecken zu Wasser und zu Land revolutionierte: der Ward'sche Kasten.

Nathaniel Bagshaw Ward (1791–1868) praktizierte im Londoner East End als Arzt und beschäftigte sich schon in seiner Jugend mit der Natur. Eigentlich hatte er Seemann werden wollen, doch nach einer Reise nach Jamaika, auf die sein Vater den 13-Jährigen geschickt hatte, um ihm die harte Arbeit an Bord eines Schiffes vor Augen zu führen, änderte er seinen Berufswunsch. Letztendlich scheint diese Reise aber zu seiner lebenslangen Passion für Pflanzen, besonders für tropische Farne und Palmen, geführt zu haben.

1829 entdeckte Ward das Prinzip des Plantariums: Er erkannte, dass sich Pflanzen in einem geschlossenen Glasbehälter selbst erhalten können. Den Nachweis, dass ein solcher »Wardian Case« auch hervorragend dazu geeignet war, Pflanzen über längere Strecken zu transportieren, lieferte 1833/34 ein erfolgreicher Transport von England nach Australien und wieder zurück. Im Juni 1833 wurden zwei Ward'sche Kästen mit Farnen und Gräsern bepflanzt und mit einem Klipper auf ihre sechsmonatige Reise geschickt. Sie erreichten Sydney in tadellosem Zustand. Für die Rückfahrt pflanzte man nach Wards Anweisungen australische Gewächse, die bis zu diesem Zeitpunkt die lange Fahrt nach Europa nie überstanden hatten, in die Kästen und stellte sie an Deck. Im Februar 1834 lichtete man den Anker und stach in See. Während der Überfahrt wurden die Pflanzen nicht gewässert, waren Temperaturen von minus 7 bis hin zu 39 Grad Celsius ausgesetzt, und zeitweise war das Deck mit einer 30 Zentimeter hohen Schneeschicht überzogen. Als Ward am 24. November im Londoner Hafen die beiden Kästen öffnete, zeigte sich, dass die Gewächse all dies unbeschadet überstanden hatten.

Relativ schnell übernahmen botanische Gärten, Handelsgärtner und private Sammler diese Erfindung, wenn sie Pflanzenjäger aussandten. Allein für den Botanischen Garten in Kew sollen dauernd 40 Ward'sche Kästen auf Reisen gewesen sein. Mithilfe des Ward'schen Kastens gelangte der Chinarindenbaum, der das lebenswichtige Chinin – das einzige Heilmittel gegen Malaria – lieferte, aus seiner Heimat, dem Hochland der Anden, nach Java, Indien und Ceylon. Ebenso wurde der Kautschukbaum aus den Dschungeln Amazoniens nach Südostasien sowie Teepflanzen aus China nach Kalkutta transportiert. Nach Schätzungen überlebten nun bis zu 95 Prozent der Pflanzen den Transfer von Kontinent zu Kontinent.

Härtetest in der Antarktis

Sir Joseph Dalton Hooker (1817–1911) – Sohn von Sir William Jackson Hooker, Professor der Botanik in Glasgow und Nachfolger von Banks als Direktor der Kew Gardens – war der Erste, der den Ward'schen Kasten mit auf eine Expedition nahm. Diese führte 1839 bis 1842 unter der Leitung von James Clark Ross in den kalten Süden, die Antarktis. Zwei Bombardierschiffe, mit denen man sonst vom Wasser aus Befestigungen an Land beschießen konnte, die *Erebus* und die *Terror,* ließ die britische Admiralität für diese Unternehmung ausrüsten. Beide verfügten bei einer Länge von 32 Metern über eine enorme Ladekapazität. Sie hatten nur einen geringen Tiefgang, und die Rümpfe waren zum Schutz gegen Eisberge mit Kupferblech beschlagen. Insgesamt umfasste die Expedition 128 Mann, eine Anzahl Schafe als Frischfleisch und das Maskottchen Billy, einen Ziegenbock.

Der 22-jährige Hooker war das jüngste Besatzungsmitglied und diente auf der *Erebus* als Assistent des Schiffsarztes und Botaniker. Allerdings scheint die Admiralität nicht besonders viel für die Botanik übriggehabt zu haben, denn im Gegensatz zu der ansonsten exzellenten Ausrüstung der beiden Schiffe erhielt Hooker nur zwei Botanisiertrommeln, Saugpapier zum Trocknen von Pflanzen und zwei Ward'sche Kästen. Sein Vater zahlte für seine Kleidung, verschaffte ihm ein Mikroskop und einige botanische Bücher. Außerdem hatte Hooker eine Kopie von Darwins *Voyage with the Beagle* im Reisegepäck, die er, so ein späterer Biograf, unter sein Kopfkissen legte, um wann immer möglich darin lesen zu können.

Ende September 1839 stachen die *Erebus* und die *Terror* in See, um über Madeira, die Kapverden und das Kap der Guten Hoffnung Richtung Tasmanien zu segeln. Unterwegs errichtete Ross an wichtigen Punkten magnetische Stationen, sodass die beiden Schiffe erst ein Jahr später, Mitte August 1840, in Hobart vor Anker gingen. Von dort aus machten sie sich im November über die Auckland-Inseln südlich von Neuseeland und die Campbell-Insel auf den Weg Richtung südliches Eismeer, wobei Ross einem weiteren Auftrag der Admiralität nachkam und die Lage des südlichen Magnetpols bestimmte. Über das heute als Rossmeer bekannte Meeresgebiet drangen die Expeditionsteilnehmer in den folgenden Monaten tief in den antarktischen Kontinent vor, landeten auf Victorialand und sahen als Erste den heute noch aktiven, knapp 3800 Meter hohen Vulkan Mount Erebus. Packeis verhinderte jedoch, dass sie das antarktische Festland erreichten.

Den antarktischen Winter verbrachten die Männer in Tasmanien, wo die Schiffe überholt wurden, um im Sommer wieder Richtung Süden aufzubrechen. Am Abend des Neujahrstages 1842 überquerten die

Erebus und die *Terror* erneut den südlichen Polarkreis, verfingen sich dann aber im Packeis. Dank seiner seemännischen Fähigkeiten bekam Ross die Schiffe zwar während eines Sturmes frei, doch war klar, dass es kein weiteres Durchkommen nach Süden gab. Sie drehten daher um, umrundeten Kap Hoorn und nahmen Kurs auf die Falklandinseln, wo sie im April 1842 vor Anker gingen. Hier wie schon bei früheren Inselaufenthalten botanisierte Hooker und füllte seine Kästen mit winterfesten Pflanzen, mit Flechten, Moosen und Gräsern. Im November versuchte Ross ein drittes Mal, das antarktische Festland zu erreichen, doch auch in der Weddellsee gab es kein offenes Fahrwasser, durch das er weiter nach Süden hätte vordringen können. Schließlich traten die Schiffe die Heimreise an und liefen am 4. September 1843 in Folkestone ein.

Für eine Tasse Tee

Der Chinaexperte

Dem Schotten Robert Fortune (1812–1880) gebührt die Ehre, den ersten Großtransport kommerziell wichtiger Pflanzen mithilfe Ward'scher Kästen durchgeführt zu haben. Durch ihn gelangten 1850/51 Tausende junger Teepflanzen und treibender Samen von China nach Kalkutta, um von dort nach Assam und Sikkim gebracht zu werden. Fortune organisierte aber nicht nur die Pflanzen, sondern auch chinesische Experten, die über das Know-how für deren Anbau und Verarbeitung sowie die notwendige Ausrüstung verfügten.

Bereits Joseph Banks hatte 1788 in einer Denkschrift auf die Möglichkeiten der Kultivierung von Teepflanzen in den britischen Territorien Indiens aufmerksam gemacht, um sich aus der Abhängigkeit von den Lieferungen aus China zu lösen. Allerdings sollten noch einige Jahrzehnte vergehen, bis in Indien Tee in größeren Mengen angebaut und geerntet werden konnte und China seine Monopolstellung verlor.

Als erste Europäer hatten die Portugiesen den Tee kennengelernt und seit den 1580er-Jahren in geringem Umfang auch nach Europa gebracht. Um 1610 erreichte der erste Tee über das heutige Jakarta die Niederlande, doch erst mehr als 50 Jahre später wurden in Amsterdam regelmäßig Auktionen für den Tee durchgeführt, den die Schiffe der VOC mitbrachten. Einen direkten Handel mit China begann die VOC 1728, als die *Coxhorn* – von Amsterdam kommend – in Kanton vor Anker ging. In den folgenden Jahrzehnten stiegen die niederländischen Importe von circa 1000 auf bis zu 4000 Tonnen jährlich, wobei ein Großteil nicht auf direktem Weg in die Niederlande geliefert wurde, sondern nach wie vor über Jakarta, wohin ihn chinesische und portugiesische Kaufleute brachten.

Zum größten Abnehmer sollte sich jedoch das Vereinigte Königreich entwickeln. 1664 hatten gerade einmal fünf Kisten Großbritannien erreicht, und während des gesamten 17. Jahrhunderts blieb er ein Luxusgut der höheren sozialen Schichten. Erst im 18. Jahrhundert erlebte das aromatische Aufgussgetränk einen Boom. Tee mit Milch und Zucker wurde im Inselstaat zu einem regelrechten Grundnahrungsmittel und zu einer Annehmlichkeit, auf die kaum ein Brite mehr verzichten mochte. Der Import stieg von etwas über 750 Tonnen um 1725 auf etwa 11 000 um die Jahrhundertwende, und dies, obwohl die Tee-Einfuhr bis 1784 mit einer hohen Steuer belegt war. Nach Schätzungen wurden denn auch jährlich 3000 bis 4000 Tonnen über die Nordsee, den Ärmelkanal oder die Irische See auf die Insel geschmuggelt. Anfang des 20. Jahrhunderts konsumierte jeder Brite mehr als fünf Pfund pro Jahr. Zu diesem Zeitpunkt war der einst dominierende chinesische Tee bereits durch Sorten aus den britischen Kolonien Indien und Ceylon vom Weltmarkt verdrängt worden.

Seit den 1820er-Jahren war bekannt, dass in Assam, einem Gebiet in Nordostindien, eine Pflanze wuchs, aus der die Einheimischen ein dem Tee ähnliches Getränk herstellten, doch erst 1834 wurde diese Pflanze vom Leiter des Botanischen Gartens in Kalkutta, dem dänischen Mediziner und Botaniker Nathaniel Wallich, als Varietät des chinesischen Teestrauches erkannt. Im selben Jahr entzog das britische Parlament der englischen Ostindien-Kompanie das Monopol auf den Asienhandel und unterstellte deren Besitzungen in Asien wieder der direkten Kontrolle des Mutterlandes. Auf Initiative des englischen Generalgouverneurs wurde in Kalkutta ein »Tee-Komitee« gegründet, das sich der Kultivierung der Pflanze in Indien widmen sollte. Seine ersten Unternehmungen bestanden darin, Samen aus China zu organisieren, um damit Anbauversuche in Assam durchzuführen. Diese Experimente verliefen jedoch nicht besonders erfolgreich, da der Samen von schlechter

Qualität war – was nicht verhinderte, dass sich während der Schifffahrt Ratten darüber hermachten. Trotzdem gelang es, im Botanischen Garten von Kalkutta Teepflanzen zu ziehen, die dann nach Assam gebracht und dort angepflanzt wurden. Parallel dazu begann Robert Bruce, ein englischer Kaufmann, der schon Jahre vorher indigene Teepflanzen aus Assam an den Botanischen Garten nach Kalkutta zur Identifizierung geschickt hatte, mit der Errichtung von Teeplantagen. Bereits 1839 gelangten zwölf Kisten Tee aus Assam nach England, doch fehlendes Knowhow sowie Misswirtschaft führten dazu, dass die Produktion erst einige Jahre später ausgebaut wurde.

Mit dem Ende der Opiumkriege und dem Vertrag von Nanking 1842 erfolgte eine zwangsweise Öffnung des Reiches der Mitte nach Westen, die es den Europäern ermöglichte, die unerschlossenen Regionen des Landes zu erforschen. Die Horticultural Society, die königliche Gartenbaugesellschaft, erkannte schnell, dass nun die Chance bestand, Pflanzensammler nach China zu entsenden. Die Wahl fiel auf Robert Fortune, einen jungen Schotten, der in Chiswick, London, im Garten der Gesellschaft für die Gewächshäuser verantwortlich war. Er sollte Samen und Pflanzen, die in Großbritannien noch nicht kultiviert wurden, sammeln, so zum Beispiel blaue Pfingstrosen, gelbe Kamelien, gefüllte gelbe Rosen, Lilien, Azaleen, Pfirsiche, Tee- und Bambuspflanzen, Kumquats und Mandarinen.

Am 1. März 1843 verließ Fortune an Bord der *Emu* England mit Kurs auf Hongkong, wo er nach viermonatiger Reise am 6. Juli eintraf. Mit an Bord, im Heck des Schiffes verstaut, befanden sich Ward'sche Kästen mit Weinstöcken, Oliven- und Obstbäumen sowie Zier- und Gemüsepflanzen für die Kolonie. Nach der Ankunft überprüfte Fortune die Gewächse und stellte fest, dass die meisten in gutem Zustand waren.

In den folgenden drei Jahren bereiste Fortune die chinesischen Provinzen und sammelte Pflanzen – darunter die in China heimische Forsythie, deren gelbe Blüten uns heute zu Beginn des Frühjahrs aus fast jedem Garten entgegenleuchten, Winterjasmin und verschiedene Rhododendren –, die er per Schiff nach London sandte. Bei seinen Reisen geriet er mehr als einmal in Lebensgefahr, sei es durch stürmisches Wetter auf See, durch Piraten oder Straßenräuber. Ende September 1843 – Fortune hatte in den Wochen davor die Gegend um Amoy erkundet – machte er sich mit einem Segelschiff auf den Weg Richtung Schanghai zu den Inseln des Zhoushan-Archipels. Ein heftiger Monsun und starker Wellengang aus Richtung Norden zwangen das Schiff jedoch, eine sichere Bucht anzusteuern. Den Sturm beschreibt Fortune in seinen *Wanderungen durch China* als so heftig, »dass ein grosser Fisch, der wenigstens dreissig Pfund wog, aus der See an das Fenster am Hintertheile des Schiffes geschleudert wurde, welches dadurch in tausend Stücke zersplitterte, so dass der Fisch durchfiel und auf dem Tisch in der Cajüte zu liegen kam«. Die Weiterreise auf einem anderen Schiff verlief nicht weniger dramatisch: Es wurde in der Straße von Formosa drei Tage lang vom Wind gebeutelt und weit hinter seinen Ausgangspunkt zurückgetrieben. Fortune verlor dabei zwei seiner Ward'schen Kästen, die zu Bruch gingen, und damit auch die darin enthaltenen Pflanzen aus der Gegend von Amoy.

Überfälle von Piraten waren in chinesischen Gewässern keine Seltenheit. 1854 sollen – angelockt durch die starke Zunahme der Handelsschifffahrt zwischen dem Reich der Mitte und dem Westen nach der erzwungenen Öffnung der Häfen Amoy, Fuzhou, Ningbo und Schanghai für den ausländischen Handel – um die 100 000 Seeräuber dort ihr Unwesen getrieben haben. Europäische Schiffe und die für den Warentransport entlang der Küste eingesetzten kleineren Lastensegler waren eine verlockende Beute. Zentren der Piraterie waren Hongkong, dessen Gewässer bereits 1843 als von Seeräubern verseucht galten, und Kanton (das heutige Guangzhou) am Perlfluss. Auch in Ningbo, nördlich von Schanghai gelegen und einer der Hauptschmuggelhäfen für Opium, häuften sich die Überfälle. Für die Europäer galt eigentlich die gesamte Südküste Chinas bis hoch nach Schanghai als gefährlich, und die Kapitäne auf dieser Route wurden ausdrücklich vor dieser Gefahr gewarnt. Schon 1842 segelten deshalb viele Schiffe nur im Verband, teilweise begleitet von bewaffneten privaten Schonern, die professionellen Schutz anboten. Dass dieses Konvoisystem nicht immer vor Schaden bewahrte, musste Fortune am eigenen Leib erfahren.

Anfang 1845 machte er sich von Fuzhou aus auf einer chinesischen Dschunke, die Holz nach Ningbo befördern sollte, auf den Weg. An der Mündung des Min schloss sich die Dschunke einem Verband von etwa 170 unbewaffneten Lastschiffen an, die gemeinsam die Küste entlang in nördlicher Richtung segeln wollten. Auf eine Eskorte mussten sie verzichten, da der geforderte Preis den Kapitänen zu hoch erschien. Der Konvoi fiel relativ schnell auseinander, und schon kurze Zeit später wurde Fortunes Dschunke von fünf Piratenbooten bedroht. Fortune, der mit Fieber in seiner Kajüte lag, raffte sich auf, lud seine Schrotflinte und seine Pistolen und begab sich an Deck, wo Mannschaft und Passagiere in Panik herumliefen und ihre Habe zu verstecken versuchten. Als die Piraten das Feuer eröffneten, wartete Fortune bis zum letzten Moment, bis die Angreifer längsseits lagen, bevor er seine Schrotflinte abfeuerte. Die Piraten waren derart überrumpelt, dass sie die Kontrolle über ihr Boot verloren. Auch den Angriff eines zweiten Piratenboots wehrte er ab, indem er dessen Steuermann niederstreckte, worauf die restlichen drei abdrehten. Nur zwei Tage später wurde die Dschunke erneut angegriffen – und Fortune wandte seine Taktik genauso erfolgreich wie beim ersten Mal an.

Am 22. Dezember 1845 machte sich der Schotte auf der *John Cooper* von Kanton aus auf die Heimreise. Mit an Bord waren 18 Ward'sche Kästen mit – so Fortune – »den schönsten Pflanzen des nördlichen Chinas«. Durch das Südchinesische Meer über Java, quer durch den Indischen Ozean an Madagaskar und dem Kap der Guten Hoffnung vorbei ging die Fahrt nach St. Helena. Hier konnte Fortune seine Schützlinge, die er unterwegs immer wieder von vertrockneten und verfaulten Blättern gesäubert hatte, wässern. Nach einer letzten Etappe ging die *John Cooper* am 6. Mai 1846 in der Themse vor Anker. Fortune ließ die Ward'schen Kästen unverzüglich in den Garten der Horticultural Society in Chiswick bringen, wo sie sogleich geöffnet wurden. 215 der 250 Pflanzen hatten die lange Reise unbeschadet überstanden.

Zwei Jahre später reiste Fortune an Bord des Dampfschiffes *Ripon* erneut nach Hongkong, um im Auftrag der Ostindien-Kompanie die »besten Sorten der Theepflanze sowie einheimische Theebereiter und Geräthschaften für die Theepflanzungen der Regierung am Himalaya zu verschaffen«. Am 14. August 1848 traf er dort ein, und bereits einige Wochen später schickte er große Mengen Teesamen nach Indien, entweder in Säcken verpackt oder mit Erde vermischt in geschlossenen Kisten sowie als schnelle Postsendungen in kleinen Paketen. Doch keine dieser Methoden war erfolgreich, da Teesamen nur kurze Zeit keimfähig bleibt. Erst als Fortune den Samen zwischen kleinen Teepflanzen in Ward'schen Kästen aussäte, glückte der Transfer.

Die großen Rennen

Bis zur Mitte des 19. Jahrhunderts wurde Tee von behäbigen, dickbäuchigen Ostindienfahrern transportiert, die zwischen 100 und 150 Mann Besatzung hatten und mit 30 und mehr Kanonen bestückt waren. Viele verfügten über drei Decks, auf denen Waren und Proviant gestapelt wurden und Besatzung sowie zahlende Passagiere – Kaufleute, Missionare und Bedienstete der Kompanien – in drangvoller Enge lebten und arbeiteten. Da die mittlere Geschwindigkeit dieser Schiffe mit zwei bis vier Knoten gering war, verwundert es nicht, dass man für die Fahrt von England nach Kanton mit bis zu neun Monaten rechnen musste. Kanton war bis 1842 der einzige Hafen, in dem sich europäische Kaufleute aufhalten und Handel treiben durften. Um den Sommermonsun bestmöglich zu nutzen, verließen die Schiffe England im November oder Dezember; im August oder September erreichten sie dann, von chinesischen Schleppkähnen den Perlfluss stromaufwärts gezogen, die Insel Whampoa. Das etwa zehn Meilen entfernte Kanton selbst konnte nicht angelaufen werden, da der Fluss zu schmal wurde. Mit kleinen Booten wurden die Waren wie Tee, Seide und Porzellan aus Kanton herbeigeschafft und auf die Ostindienfahrer verladen. Sofern es keine Verzögerung gab, traten die Schiffe um die Jahreswende ihre Rückfahrt an, um – ein günstiger Wintermonsun im Indischen Ozean vorausgesetzt – im folgenden Herbst wieder in London einzutreffen.

Dieser Zeitplan änderte sich nach 1834, als das Monopol der englischen Ostindien-Kompanie fiel, und nach dem Vertrag von Nanking 1842, als weitere Häfen für den Handel mit chinesischen Produkten geöffnet wurden. Die Schiffe wurden schärfer gesegelt und die Segel nachts nicht mehr eingeholt, wodurch der Tee mindestens einen Monat früher in London eintraf.

Nach der Abschaffung der »Navigationsakte« 1849, die den Import außereuropäischer Waren in englischen Häfen nur Schiffen aus den Herkunftsländern oder aus Großbritannien gestattete, stiegen verstärkt andere Handelskompanien und private Kaufleute – nicht nur Briten, sondern auch Amerikaner – in den Teehandel zwischen China und London ein. Bereits 1850 ging der unter amerikanischer Flagge segelnde Klipper *Oriental* mit einer Ladung Tee in den Docks von London vor Anker. Die *Oriental*, 56 Meter lang und elf Meter breit, war ein Jahr zuvor in New York vom Stapel gelaufen und hatte auf ihrer Jungfernfahrt in nur 81 Tagen Tee von Hongkong nach New York gebracht. Bei ihrer zweiten Fahrt benötigte sie gerade einmal 97 Tage, um Tee von Hongkong nach London zu bringen. So schnell hatte bis dahin noch kein Schiff die Passage von China aus bewältigt, und das zu einer Jahreszeit, in der man gegen den Südwestmonsun ansegeln musste. Nun wurden Klipper eigens dafür konstruiert, um mit hoher Geschwindigkeit wertvolle Ladung über weite Strecken transportieren zu können. Sie waren schnittige, große Segelschiffe mit einem scharfen Bug, mit drei, vier oder noch mehr leicht geneigten hohen Masten, einer großen Segelfläche sowie einem schmalen Heck. Mit ihrem stromlinienförmigen Rumpf durchschnitten sie die Wellen, statt sie abzureiten. Bei gutem Wind erreichten die »Windhunde der See«, wie sie bald genannt wurden, eine Geschwindigkeit von mehr als 15 Knoten pro Stunde und ließen damit selbst die schnellsten Dampfschiffe hinter sich. Von China nach London dauerte die Seereise mit diesen Schiffen nur noch drei bis vier Monate. Die alten dickbauchigen und eher schwerfälligen Ostindienfahrer hatten dafür ein halbes bis ein Dreivierteljahr benötigt.

Die Londoner stürmten 1850 die Docks, um die *Oriental* zu besichtigen, und die englische Presse urteilte: »Eine harte Lektion für unsere Reeder«. In den Trockendocks studierten die britischen Schiffbaumeister die Linienführung und die Takelage des Klippers; sie ließen Zeichnungen und Skizzen anfertigen und begannen mit dem Nachbau und der Weiterentwicklung dieses Schiffstyps. In den folgenden Jahren entbrannte ein regelrechter Wettstreit, welches Schiff am schnellsten den Tee von China nach England oder nach Amerika brachte. Ob durch die kürzere Transportdauer der Tee England wirklich frischer erreichte, wie den Käufern suggeriert wurde, ist mehr als fraglich, denn richtig verpackter Tee verdirbt nicht so leicht. Vielmehr scheint der Profit der Reeder und Teehändler das Hauptanliegen gewesen zu sein, da sie die erste Ernte der Saison, den »First Flush«, den ein schneller Klipper brachte, zu sehr hohen Preisen absetzen konnten. Nicht zuletzt war es die Wettlust der Briten, die zu den »tea races« führte. Dabei wurden hohe Summen auf den Sieger gesetzt. Nicht nur Schiffseigner, Schiffsagenten, Teehändler und Segelbegeisterte stiegen ins Wettgeschäft ein, auch Besatzungsmitglieder setzten nicht selten die gesamte Heuer auf ihr Schiff.

Das bekannteste Teerennen fand 1866 statt. In jenem Jahr verließen mehr als zwanzig Schiffe Fuzhou (Futschou) und seine Nachbarhäfen, um die begehrte Ware nach England zu bringen. Fuzhou war zu dieser Zeit der bedeutendste Exporthafen für chinesischen Tee, da er näher an den wichtigsten Teeanbaugebieten lag als die anderen Seehäfen und der First Flush hier deshalb schon Ende Mai bis Anfang Juni verladen werden konnte. Fünf Klipper, die *Ariel,* die *Taeping,* die *Serica,* die *Fiery Cross* und die *Taitsing,* verließen mit jeweils einer Million Pfund des begehrten First Flush an Bord am 29. und 30. Mai 1866 Fuzhou Richtung Großbritannien. Entlang der Themse sollten sie von Tausenden, die ihnen zujubelten und von denen viele auf das eine oder das andere Schiff gewettet hatten, mit Spannung erwartet werden. Die *Taeping* machte am Abend des 6. September im London Dock fest, während die *Ariel* ihren Liegeplatz im East India Dock etwa zwanzig Minuten später erreichte. Ihren Vorsprung hatte die *Taeping* nur einem kräftigeren Schlepper zu verdanken, der sie die Themse hochzog. Die *Serica* traf noch am selben Abend in London ein, die *Fiery Cross* und die *Taitsing* folgten mit jeweils einem Tag Abstand. Die ersten drei Schiffe hatten für die 15 000 Meilen durch die Südchinesische See über die Sundastraße in den Indischen Ozean hinein, rund um das Kap der Guten Hoffnung in den nördlichen Südatlantik und weiter durch den Nordatlantik bis zum Ärmelkanal und die Themse aufwärts gerade einmal 99 Tage benötigt. Von großer Bedeutung bei diesen Rennen war die richtige Gewichtsverteilung von Ballast oder Ladung, da dies Tiefgang und Schwerpunkt der Segler beeinflusste. Schon geringe Abweichungen führten zu einem Geschwindigkeitsverlust von ein oder zwei Knoten pro Stunde und über die gesamte Passage hinweg zum Verlust des Sieges.

Die große Zeit der Teeklipper und der Rennen dauerte nur wenige Jahre. Mit der Eröffnung des Suezkanals 1869 war der Weg zu den Teeanbaugebieten nun erheblich kürzer, und zusehends übernahmen Dampfschiffe den Transport der begehrten Ware.

Zwei Klipper, die 1868 vom Stapel gelaufene *Thermopylae* und die ein Jahr später fertiggestellte *Cutty Sark,* verdanken ihren Ruhm deshalb nicht nur den Teerennen, sondern ihren schnellen Fahrten nach und von Australien. Beide gehörten zu den sogenannten Kompositklippern, deren innere tragende Bauteile aus Eisen gefertigt waren, während die Beplankung aus Holz war. Um den Rumpf vor allem in den tropischen Meeren vor zu starkem Algen-, Tang- und Muschelbewuchs zu schützen, wurde er mit Kupferblech verkleidet. Dies ersparte zwar lange Liegezeiten zum Reinigen, verteuerte jedoch den Bau des Schiffes erheblich. In den ersten Jahren wurden die *Thermopylae* und die *Cutty Sark* für den Teetransport von China nach England eingesetzt, mussten dann aber – wie viele andere Klipper – auf andere Routen ausweichen. Da Australien außerhalb der Reichweite der Dampfer lag, deren Kohlevorräte nicht so weit reichten, übernahmen die Klipper den Transport von Wolle und Getreide vom Fünften Kontinent nach England. Bei diesen Fahrten stellten beide Schiffe immer wieder Rekorde auf. Der *Cutty Sark* gelang es zwischen 1872 und 1895 elf Mal, in weniger als 80 Tagen von England nach Australien zu segeln, und auch ihre Rückfahrten bewältigte sie in Rekordzeiten. Nachdem sie ab 1895 mehrmals den Besitzer und ihren Namen gewechselt hatte, kaufte sie 1922 ein englischer Kapitän und brachte sie nach England zurück. Ab 1954 lag die *Cutty Sark* in Greenwich in London als Museumsschiff und Touristenattraktion vor Anker. Während aufwendiger Renovierungsmaßnahmen brannte sie im Mai 2007 völlig aus, wird zurzeit jedoch restauriert. Ab Frühjahr 2011 wird man dieses letzte Wahrzeichen der einstigen Klipperära wieder bewundern können.

Die eisernen Rivalen

Weniger bekannt als die Rennen der legendären Teeklipper sind die ihrer eisernen, dampfbetriebenen Rivalen. Die Dampfschiffe starteten ihre Fahrten im damals größten Binnenhafen Chinas: Hankow (das später mit zwei weiteren Städten zum heutigen Wuhan zusammengelegt wurde) am Jangtse. 1860 hatte China den Jangtse für ausländische Schiffe öffnen müssen, und ein erster Teetransport nach London erfolgte im selben Jahr. Zu Beginn der 1870er-Jahre, nach der Eröffnung des Suezkanals, brauchten Dampfschiffe noch rund 61 Tage nach London, eine Fahrtzeit, die sich in den folgenden Jahren beträchtlich reduzierte.

Jedes Jahr fuhren im Mai 16 oder 17 Schiffe aus England sowie einige aus Odessa und anderen Schwarzmeerhäfen von Schanghai aus den Jangtse aufwärts zum etwa 600 Meilen landeinwärts gelegenen Hafen von Hankow. Hankow lag in unmittelbarer Nähe der Teeplantagen und konnte auch von tief gehenden Schiffen angelaufen werden. Innerhalb kürzester Zeit wurden die Schiffe beladen und konnten die Rückfahrt antreten. Über Woosung, einen Hafen in der Nähe von Schanghai (heute Wusong und längst Stadtteil von Schanghai), den die Schiffe nach 40- bis 50-stündiger Fahrtzeit erreichten, ging es weiter durch das Südchinesische Meer nach Singapur, wo Kohle gebunkert wurde. Durch die Straße von Malakka, über den Indischen Ozean und das Rote Meer gelangten die Schiffe zum Suezkanal und weiter ins Mittelmeer, von wo sie durch die Straße von Gibraltar und den Ärmelkanal nach England weiterfuhren.

1882 und 1883 siegte bei den Teerennen die *Sterling Castle* – sie benötigte für die Route von Hankow nach London nur 32 beziehungsweise 31 Tage. Die knapp 133 Meter lange *Sterling Castle* galt mit ihren 8000 PS starken Maschinen als das schnellste Dampfschiff ihrer Zeit. Wenn sie mit einer Höchstgeschwindigkeit von 19 Knoten pro Stunde das Meer durchpflügte, verschlang sie 150 Tonnen Kohlen am Tag. Im Maschinenraum tief im Bauch des Schiffes mit seinen glühenden Heizkesseln müssen die Arbeitsbedingungen für die Heizer und ihre Helfer fast unerträglich gewesen sein.

Nicht nur die hohe Geschwindigkeit war während dieser Teerennen ausschlaggebend, sondern ebenso die Liegezeit zum Bunkern von Kohle – die immer weiter verringert wurde. Ende des 19. Jahrhunderts gab es an den Kais in Singapur bereits elektrische Beleuchtung, sodass die Schiffe sogar in der Nacht ihre Fracht löschen und Kohle aufnehmen konnten. Wie bei den Rennen der Klipper wurde auf die eisernen Rivalen gewettet. Der siegreiche Kapitän erhielt eine Prämie, und die erste Ladung mit First Flush brachte dem Reeder einen satten Gewinn. Es wurden jedoch auch Stimmen laut, die die Rennen hinterfragten. Gingen die Kapitäne nicht ein ungeheures Risiko ein, wenn die Kessel beständig auf Höchsttemperatur gefahren wurden, die Maschinen unter höchster Belastung standen und die Schiffe praktisch am Limit gefahren wurden? Setzten sie dabei nicht das Leben der Mannschaft und der Passagiere aufs Spiel?

Es waren allerdings nicht diese kritischen Stimmen, die den Rennen ein Ende bereiteten, sondern neue Entwicklungen im Teehandel: Ende des 19. Jahrhunderts kamen immer größere Mengen Tee aus Indien und

Ceylon auf den Londoner Markt und verdrängten den chinesischen Tee. Im Verlauf des 20. Jahrhunderts kamen weitere Anbaugebiete in afrikanischen und südamerikanischen Staaten dazu.

Vier Fünftel der Weltbevölkerung trinken heute Tee, womit er hinter Wasser an zweiter Position der am meisten konsumierten Getränke steht. Haupterzeuger der mehr als 4,7 Millionen Tonnen, die 2008 geerntet wurden, waren China, Indien, Sri Lanka (das ehemalige Ceylon), Kenia und die Türkei. Während in China und in Indien der größte Teil der Ernte selbst konsumiert wird, gelangt der in Kenia angebaute Tee hauptsächlich in den Export.

Der weinende Baum

Der Kautschuk-Boom

In populären Darstellungen wird heute noch behauptet, die Weltgeschichte hätte einen anderen Verlauf genommen, hätten die Briten nicht im letzten Drittel des 19. Jahrhunderts den Kautschukbaum von Brasilien aus über Kew Gardens in ihre Kolonien nach Ceylon und Malaysia gebracht, dort Plantagen errichtet und Kautschuk produziert: ohne Gummi keine Reifen, keine Fahrzeuge, weniger Verkehr, aber auch keine Wärmflasche, keine Babyschnuller, keine Kondome oder Wegwerfhandschuhe und vieles andere mehr?

Mehr als 37 000 verschiedene pflanzliche Spezies – der Ficus, der in vielen Haushalten als Zimmerpflanze zu finden ist, gehört dazu – produzieren Latex, eine weiße oder leicht gelbliche Flüssigkeit. Doch nur 7000 dieser Milchsäfte enthalten Kautschuk, aus dem Gummi hergestellt werden kann, und es ist der Latex der *Hevea brasiliensis,* ein Baum der Tropen, der die beste Qualität liefert.

Zwar hatten schon die spanischen Eroberer Kautschuk und daraus gefertigte Gegenstände kennengelernt, in Europa bekannt gemacht hatte diesen Stoff aber erst der französische Mathematiker Charles Marie de La Condamine, der zwischen 1735 und 1743 Südamerika vom heutigen Ecuador bis zur Amazonasmündung bereiste. Während dieser Zeit schickte er eine kleine Menge der »Baumtränen« (»cao« = Baum, »ochu« = Träne) sowie eine Beschreibung der Herkunft und des Gebrauchs des »Caoutchouc-Harzes« an die französische Akademie der Wissenschaften. Doch erst ein halbes Jahrhundert später beschrieb der deutsche Botaniker Karl Ludwig Wildenow *Hevea brasiliensis* als Quelle des besten Kautschuks im Amazonasgebiet, und es sollte noch bis 1839 dauern, bis der Amerikaner Charles Nelson Goodyear das Verfahren der Vulkanisation entwickelte. Schwefel und Hitze waren notwendig, um das klebrige Harz in ein reißfestes, elastisches und temperaturunempfindliches Material zu verwandeln.

In den folgenden Jahrzehnten begann der Gummi seinen Siegeszug, und die Nachfrage nach Kautschuk schnellte in die Höhe. Wurden im Amazonasgebiet 1827 gerade einmal 31 Tonnen geerntet, so stieg die Produktion im Jahr 1857 auf 2600 und erreichte in den 1870er-Jahren über 4000 Tonnen. Da Kautschukbäume nicht in Plantagen gezogen werden konnten – ein Pilz machte einschlägige Versuche zunichte –, sondern mehr oder weniger vereinzelt im Dschungel standen, drangen die nahezu als Sklaven ausgebeuteten indianischen Kautschukzapfer immer tiefer ins Innere der »grünen Hölle« vor, um den Saft zu ernten. Diese Arbeit verrichteten sie unter schier unmenschlichen Bedingungen.

Ab 1866, als der Amazonas für die internationale Schifffahrt freigegeben wurde, fuhren immer mehr große, hochseetaugliche Schiffe den Strom aufwärts, um die kostbare Fracht zu übernehmen. Selbst 1500 Kilometer landeinwärts erreicht der zweitlängste Fluss der Erde noch eine Breite von bis zu elf Kilometern. Erst im kleinen peruanischen Städtchen Iquitos, 3700 Kilometer von der Mündung entfernt, war Endstation für die Ozeandampfer. Pará (heute Belém), Manaus und Santarém, ehemals kleine, unbedeutende Siedlungen, entwickelten sich zu von Luxus und Protz geprägten Städten mit mehrstöckigen Prachtbauten, Kirchen und Palästen. Manaus ist auch durch sein Teatro Amazonas bekannt, dessen Entstehung als Vorlage für den von Werner Herzog 1981/82 gedrehten Film *Fitzcarraldo* diente. Es wurde am 31. Dezember 1896 eröffnet und war nach der Mailänder Scala das zweitgrößte Opernhaus der Welt. Manaus wurde als zweite Stadt Brasiliens elektrifiziert, erhielt eine Kanalisation und Wasserleitungen, Telefon und sogar eine Straßenbahn mit einem 16 Kilometer langen Netz. Für die aus New

York, Liverpool, Hamburg oder Le Havre einlaufenden Schiffe wurden Schwimmdocks errichtet, um den großen Unterschied im Wasserstand des Amazonas zwischen Regen- und Trockenzeit ausgleichen zu können. Alles, was zum Aufbau von Manaus und anderen Städten, aber auch zum täglichen Lebensunterhalt ihrer Bewohner benötigt wurde, musste auf dem Fluss herangeschafft werden. Der Granit, mit dem der Opernplatz in Manaus gepflastert wurde, wurde über Hamburg geliefert, und die Kautschukbarone ließen sich wertvolle Inneneinrichtungen und Gemälde für ihre Paläste kommen. Doch der Boom war nicht von langer Dauer.

Eine Heldentat?

Schon Ende des 18. Jahrhunderts hatte es in England erste Überlegungen gegeben, den Kautschukbaum an anderen Orten zu kultivieren, aber erst in den 1870er-Jahren konnten sie realisiert werden. Im Mittelpunkt des Unternehmens standen die Kew Gardens mit ihrem Direktor Sir Joseph Hooker und Sir Clemens Markham, der den Transfer des Chininbaums von Südamerika nach Indien initiiert und erfolgreich durchgeführt hatte und dafür von Queen Victoria geadelt worden war. Die ersten Versuche in den Jahren 1873 und 1875, den Kautschukbaum nach England zu bringen, schlugen jedoch fehl. Charles Farris, der im Juni 1873 circa 2000 Samen nach London brachte, erzählte später, er habe sie an den brasilianischen Zollbeamten vorbei in zwei ausgestopften Krokodilen, die er gut sichtbar in seiner Schiffskabine aufgestellt habe, außer Landes geschafft. Bei einer anderen Version der Geschichte waren die Samen in ausgehöhlten Spazierstöcken versteckt. Unabhängig davon, wie der Schmuggel wirklich erfolgte: In Kew Gardens keimten nur zwölf der Samen, und die Pflanzen gingen später ein. Die nächste Lieferung – 220 Kilo in vier Fässern verpackt – erreichte London am 6. Juli 1875. Doch anstatt die Samen nach Kew Gardens zu senden, schickte sie das Indian Office in Unkenntnis der Vorgehensweise auf eine weitere lange Reise – drei Fässer gingen nach Kalkutta und eines nach Madras –, die sie nicht überlebten.

Ein Jahr später kam schließlich dank Henry Wickham eine ausreichende Menge Hevea-Samen nach Kew Gardens. Der englische Abenteurer und erfolglose Pflanzer in Santarém am Amazonas stilisierte die Überführung zu einer Heldentat – und wurde tatsächlich einige Jahre vor seinem Tod dafür geadelt. Anscheinend hatte Joseph Hooker Wickham beauftragt, 70 000 Hevea-Samen nach England zu verschiffen. Wie er die Samen sammelte oder sammeln ließ oder ob er sie von Händlern kaufte, ist nicht belegt. Die meisten Darstellungen basieren auf Erzählungen und Veröffentlichungen von Wickham selbst. Dieser hat jedoch in dichterischer Freiheit immer wieder die ein oder andere Episode hinzugefügt und einen Mythos um den Transport geschaffen. So habe man zum Beispiel die kostbare Fracht in Bastkörben unter Bananenblättern versteckt und heimlich an Bord der *Amazonas* gebracht. In Reichweite soll sich ein brasilianisches Kanonenboot befunden haben, dessen Kapitän, hätte er gewusst, was da auf der *Amazonas* außer Landes gebracht werden sollte, diese sicherlich beschossen hätte. Ein Ausfuhrverbot für Hevea-Samen ist für diesen Zeitraum in Brasilien allerdings nicht nachweisbar, und deshalb ist es mehr als fraglich, ob Wickham wirklich all die von ihm beschriebenen Listen und Tricks anwenden musste.

Zweifelsohne war es aber Wickham, der am 14. Juni 1876 an Hookers Tür in Kew Gardens läutete und ihm die ersten der 70 000 Samen überreichte. Nur knapp 2400 davon keimten in den Glashäusern von Kew Gardens. 1919 kleine Setzlinge wurden dann im August in Ward'sche Kästen gepflanzt und unter der Obhut eines Gärtners mit dem Dampfschiff *Duke of Devonshire* nach Colombo auf Ceylon (Sri Lanka) gesandt, wo sie am 13. September sicher anlandeten. Da das Indian Office aber die Frachtkosten nicht bezahlt hatte, weigerte sich der Kapitän, die Pflanzen dem Direktor des Botanischen Gartens in Colombo zu übergeben. Zum Glück gab es Telegrafen. Drei Tage später wurde das Geld überwiesen, und die Pflänzchen konnten in den Botanischen Garten gebracht werden. Lediglich 200 hatten die Wartezeit nicht überlebt. Weniger glimpflich verlief ein Transport nach Singapur: Wieder gab es Komplikationen, da die Frachtkosten nicht bezahlt waren, und dieses Mal gingen sämtliche Setzlinge ein, bevor sie ihren Bestimmungsort, den Botanischen Garten, erreichten.

In den nächsten Jahrzehnten kultivierten die Engländer in Kew weitere Kautschukpflanzen und versandten sie nach Ceylon, Singapur, Kalkutta, Java und an die Küste Malakkas. Dort begann man Plantagen anzulegen. Zwar gediehen die Pflanzen anfangs nur langsam, blieben aber von dem berüchtigten Pilz verschont – zunächst zumindest; heute bekämpft man ihn mit Fungiziden –, und bereits bei Ausbruch des Ersten Weltkriegs hatte der Plantagenkautschuk aus Südostasien dem Wildkautschuk aus Brasilien seine Vormachtstellung abgerungen.

Schlusswort

Lange Zeit war die Wanderung von Pflanzen und Tieren in andere Gebiete ein natürlicher und meist langsamer Prozess, der in erster Linie von ihrer Umwelt und den klimatischen Bedingungen abhing. Vor allem mit der europäischen Expansion und der Erschließung bisher unbekannter Kontinente hat sich dieser Prozess nicht nur beschleunigt, sondern auch in räumlicher Hinsicht ganz andere Dimensionen angenommen. Die Ozeane – zunächst natürliche Barrieren – wurden überwunden. Dies führte zu einem transkontinentalen Austausch von Fauna und Flora, der mehr und mehr von den Menschen bewerkstelligt wurde. Viele bisher unbekannte Arten wurden durch Segel- und Dampfschiffe und schließlich auch Flugzeuge immer schneller und über immer größere Distanzen von einem Kontinent zum anderen transportiert, wo sie schließlich kultiviert wurden und eine neue Heimat finden sollten. Diese Spielart der Globalisierung hat dazu geführt, dass ganze Landschaften und Kontinente völlig umgestaltet wurden.

In mitteleuropäischen Hausgärten, in Parks und anderen öffentlichen Grünanlagen wachsen heute etwa 4000 hier ursprünglich fremde Pflanzenarten, während man nur circa 2500 Arten wirklich als »einheimisch« bezeichnen kann. Die Nutzpflanzen auf Deutschlands Feldern sind nahezu alle fremder Herkunft. Ebenso gedeihen in riesigen Landstrichen in Nord- und Südamerika, in der Karibik, in Afrika und in Australien nicht indigene Pflanzen und Tiere. Unzählige Plantagen und Monokulturen, in denen Kaffee, Tee, Bananen, Zitrusfrüchte, Weizen, Sojabohnen, Baumwolle und vieles andere angebaut wird, dominieren Landschaften, in denen vormals andere Arten heimisch waren. Gigantische Viehherden – Rinder, Pferde und Schafe –, aber auch ausgewilderte Tiere wie Kaninchen, Feldhasen und Kamele bevölkern weite Gebiete und haben zu großen Veränderungen in diesen Ökosystemen geführt.

Mittlerweile ist das gezielte Verbringen neuer Arten zurückgegangen, meist werden nur noch die aus ihnen hergestellten Waren transportiert. Um die 40 000 Frachtschiffe befahren heute die Weltmeere und bringen diese Produkte von einem Kontinent zum anderen. Unwillkürlich reisen auch blinde Passagiere – Tiere, Pflanzen und Keime – mit um die Welt. Einige sind im Transportgut versteckt, andere wiederum heften sich an die Schiffsrümpfe; die meisten finden sich jedoch in den Ballasttanks der Schiffe. Allein in deutschen Gewässern werden jährlich um die 20 Millionen Tonnen Ballastwasser abgelassen, und mit ihnen gelangen unzählige ungebetene Gäste – vom Mikroorganismus bis zu kleinen Fischen – in unsere Gewässer. In der Ost- wie in der Nordsee gibt es mehr als 100 solcher »Aliens« – Arten, die außerhalb ihres ursprünglichen Verbreitungsgebietes leben. Dazu gehört zum Beispiel die Chinesische Wollhandkrabbe *(Eriocheir sinensis),* die man erstmals 1912 in der Aller entdeckte, die aber wahrscheinlich schon Jahrzehnte davor aus Fernost an die deutsche Nordseeküste verfrachtet worden war. Während sie in China als Delikatesse geschätzt wird, hat sie sich bei uns zu einem echten Schädling entwickelt. Die Wollhandkrabben fressen die Fischreusen leer und bohren Gänge in die Uferböschungen. Der Schiffsbohrwurm *(Teredo navalis)* zerstört Buhnen. An der Nord- und Ostsee wurden daher besonders harte Tropenhölzer verarbeitet, da nur sie dem gefräßigen Wurm standhalten. Die Europäische Strandkrabbe *(Carcinus maeneas)* finden wir heute nicht nur an Nord- und Ostsee, wir können ihr genauso gut an amerikanischen, südafrikanischen oder australischen Stränden begegnen. Die amerikanische Rippenqualle *(Mnemiopsis leidyi)* wurde in den 1980er-Jahren mit Frachtschiffen aus dem Nordatlantik ins Schwarze Meer eingeschleppt. Von hier aus gelangten die Tiere wahrscheinlich als Larven über das Asowsche Meer und durch den Leninkanal bis ins Kaspische Meer. Da sie keine natürlichen Feinde hatten, dezimierten sie die lokalen Fischbestände und stürzten die Fischer in Armut. Mehr als bedrohlich ist auch die Situation in der Bucht von San Francisco: Die Meeresforscher zählten hier mehr als 250 eingeschleppte Tier- und Pflanzenarten, und laufend kommen neue Spezies dazu. Einen verheerenden Einfluss auf das Ökosystem der Bucht hat die asiatische Muschel *Potamocurbula amurensis.* In den 1980er-Jahren gelangten die Tiere dorthin, und heute leben an manchen Stellen in der Bucht 2000 von ihnen auf einem Quadratmeter und filtrieren die gesamte Nahrung aus dem Wasser.

Besonders problematisch ist die Situation im Mittelmeer. Hier wurden in den letzten zehn Jahren 500 neue Tierarten gezählt – darunter mehr als 120 Fisch-, über 200 Krebs- und Weichtier- sowie um die 50 Muschelarten –, von Mikroorganismen und Wasserpflanzen ganz abgesehen. Dabei fördert nicht nur der stetig zunehmende Schiffsverkehr den Import von Aliens. Seit der Eröffnung des Suezkanals gelangen immer mehr fremde Arten über diese Wasserstraße vom Indischen Ozean über das Rote Meer ins Mittelmeer. Vor der Küste der Türkei und Griechenlands tummeln sich Papageifische, Barrakudas und Makrelen. Fischer, Köche und Gourmets freuen sich über die Meerbarben, Taschenkrebse und die ostasiatischen Tigergarnelen. Seit Ende der 1970er-Jahre macht sich *Rhopilema nomadica* breit. Anfänglich wurden nur einige der bis zu einem Meter großen Quallen gesichtet, heute bevölkern riesige Schwärme das östliche Mittelmeer. Die Quallenplage hat nicht nur katastrophale Folgen für die Fischerei, da die Tiere alles leer fressen, an vielen Sommertagen bleibt an israelischen Stränden auch der Gang ins erfrischende Nass wegen dieser giftigen Aliens versperrt.

Doch nicht nur aquatische Lebewesen reisen als blinde Passagiere um die ganze Welt. Am oder im Verpackungsmaterial, an Obst und Blumen, an Holz oder Holzprodukten, überall dort, wo in einem Schiff oder Flugzeug angenehme klimatische Bedingungen herrschen, überstehen auch terrestrische Tiere und Samen die Reise über die Ozeane unbeschadet. Dazu zählen Insekten wie die als Killerbiene bezeichnete *Apis mellifera scutellata,* die Anfang der 1970er-Jahre auf einem mit Melasse beladenen Frachter aus Südamerika Nordamerika erreichte, oder die Formosa-Termite *(Coptotermes formosanus),* die vermutlich bereits kurz nach Ende des Zweiten Weltkriegs auf heimkehrenden amerikanischen Kriegsschiffen in die USA gelangte und dort immense Schäden anrichtet. Bei der Argentinischen Ameise verweist der Name noch auf ihre ursprüngliche Herkunft, doch mittlerweile ist sie auf allen Kontinenten zu Hause. Für ihre Reise benutzt sie Kaffeefrachter, versteckt sich in der Erde von Topfpflanzen oder in Nahrungsmittellieferungen.

Da eingeschleppte Tiere und Pflanzen Kosten in Milliardenhöhe und teilweise kaum abschätzbare ökologische Schäden verursachen, sucht man nach Mitteln und Wegen, die Bioinvasionen zu stoppen. Um blinde Passagiere im Ballastwasser zu verhindern oder zumindest zu minimieren, sollen spätestens ab 2016 Behandlungsanlagen für Ballastwasser auf allen Schiffen vorgeschrieben werden. Dieses Übereinkommen müssten jedoch mindestens 30 Staaten, die zusammen über 35 Prozent der Welthandelsflotte unter ihrer Flagge haben, ratifizieren. Und erst zwölf Monate danach könnte das Übereinkommen in Kraft treten.

Angesichts der Mobilität von Fauna und Flora stellt sich allerdings auch die Frage, ob eine Einteilung in »fremde« und »einheimische« Pflanzen und Tiere wirklich sinnvoll ist. Kaum jemand käme wohl auf die Idee, die Tomate, die er im Supermarkt erwirbt oder im eigenen Garten anbaut, als »fremd« zu bezeichnen. Die Kartoffel, die eigentlich aus den Anden kommt und erst ab Mitte des 17. Jahrhunderts in Deutschland kultiviert wurde, würde man ebenso wenig in diese Kategorie einordnen. Umgekehrt würde kein Amerikaner die Biene als europäischen Alien oder gar Pferd und Rind als Zuzügler bezeichnen, und die Neuseeländer sehen in ihren Schafen, die sie exportieren, natürlich einen wichtigen Vertreter ihrer eigenen Landwirtschaft. Sie alle sind heute längst Bestandteil der jeweiligen Fauna und Flora und gehören zu unserer täglichen Ernährung.

Diese Globalisierungsprozesse haben durch die technische Entwicklung – Stichworte Dampfschifffahrt und Kühltechnik – seit dem 19. Jahrhundert eine weitere Beschleunigung erfahren und damit unsere Ernährungsgewohnheiten und unseren Speiseplan ganz wesentlich verändert: Kiwis aus Neuseeland, Kaffee aus Brasilien, Tee aus Sri Lanka,

Steaks aus Argentinien und Lammkeulen aus Australien bereichern unseren Warenkorb. Kritiker führen neben politischen und ökonomischen Argumenten auch ökologische wie den hohen Transportaufwand ins Feld und empfehlen, lokale beziehungsweise regionale Produkte zu kaufen. Exotische Früchte und Gemüse lassen sich natürlich – je nach Saison – durch einheimische Sorten ersetzen, doch wer würde schon auf Kaffee, Tee und Schokolade verzichten wollen?

Anhang

Literatur

Abbott, R., *A Socio-Economic History of the International Banana Trade 1870–1930,* EUI Working Papers RSCAS, 22/2009, Florenz 2009.

Adrian, H. G., *Tee über den Ozean,* Braunschweig 1978.

Albrecht, P., *Kaffee. Zur Sozialgeschichte eines Getränks.* Ausstellungskatalog, Braunschweig 1980.

Allin, M., *Zarafa. Die außergewöhnliche Reise einer Giraffe aus dem tiefsten Afrika ins Herz von Paris,* München u. Zürich 1999.

Ames, E., *Carl Hagenbeck's Empire of Entertainments,* Seattle u. London 2009.

Anonym, *Reiche's Karawane aus Nubien,* Alfeld 1879.

Anonym, »The world market for meat and meat products«, in: *Meat International* 15 (9), 2005, o. S.; www.AgriWorld.nl.

Ash, M. G., u. Dittrich, L. (Hg.), *Menagerie des Kaisers – Zoo der Wiener. 250 Jahre Tiergarten Schönbrunn,* Wien 2002.

Ball, D. (Hg.), *Kaffee im Spiegel europäischer Trinksitten,* Zürich 1991.

Baumgartner, A., »Chinas goldene Äpfel«, in: *Tabula,* 1 2006, S. 16–19.

Becker, U., *Kaffee-Konzentration. Zur Entwicklung und Organisation des hanseatischen Kaffeehandels,* Stuttgart 2002.

Beinart, W., u. Middleton, K., »Plant Transfer in Historical Perspective: A Review Article«, in: *Environment and History* 10, 2004, S. 3–29.

Berger Hochstrasser, J., »The Conquest of Spice and the Dutch Colonial Imaginary: Seen and Unseen in the Visual Culture of Trade«, in: Schiebinger, L., u. Swan, C. (Hg.), *Colonial Botany. Science, Commerce, and Politics in the Early Modern World,* Philadelphia 2007, S. 169–186.

Bernstein, W., *A Splendid Exchange. How Trade Shaped the World,* London 2008.

Beverly, J., »*Cutty Sark* in Flames«, in: *SEAHISTORY* 120, 2007, S. 12–14.

Bewell, A., »Traveling Natures«, in: *Nineteenth Century Contexts* 29 (2/3), 2007, S. 89–110.

Biedermann, Z., »Das Geschäft mit den Dickhäutern: Anmerkungen zum ceylonesischen Elefantenhandel vom 16. bis zum 18. Jahrhundert«, in: Alves, J. S., Guillot, C., u. Ptak, R. (Hg.), *Mirabilia Asiatica. Produtos raros no comércio marítimo/Produits rares dans le commerce maritime/Seltene Waren im Seehandel,* Wiesbaden u. Lissabon 2005, S. 141–167.

Blancou, J., u. Parsonson, J., »Historical Perspectives on Long Distance Transport of Animals«, in: *Veterinaria Italiana* 44 (1), 2008, S. 19–30.
Bligh, W., *Voyage to the South Seas,* London 1792.
Braudel, F., *Das Mittelmeer und die mediterrane Welt in der Epoche Philipps II.,* 3 Bde., Frankfurt/Main 1990.
Brockway, L. H., »Science and Colonial Expansion: The Role of the British Royal Botanic Garden«, in: *American Ethnologist* 6 (3), 1979, S. 449–465.
Ders., *Science and Colonial Expansion: The Role of the British Royal Botanic Garden,* New York 2002.
Busch, H., *Goldkelchen,* Hildesheim 1947.
Butel, P., *Histoire du Thé,* Paris 1989.

Caldwell, B., *Rivers of Fortune: Where Maine Tides and Money Flowed,* Camden 2002.
Campbell-Cluver, M., *The Origin of Plants,* London u. Sydney 2004.
Cannadine, D. (Hg.), *Empire, the Sea and Global History. Britain's Maritime World 1760–1840,* New York 2007.
Carpenter, K. J., *The History of Scurvy and Vitamin C,* Cambridge 1986.
Carroll, C. C., *The Government's Importation of Camels: A Historical Sketch,* o. O. 1904; www.nal.usda.gov/awic/pubs/camelimport.htm.
Christmann, H. (Hg.), *Leonhard Rauwolf. Ein schwäbischer Arzt, Botaniker und Entdeckungsreisender des 16. Jahrhunderts,* Heidenheim 1969.
Clarence-Smith, W. G., u. Topik, S. (Hg.), *The Global Coffee Economy in Africa, Asia, and Latin America, 1500–1989,* Cambridge 2003.
Cordingly, D. (Hg.), *Piraten. Furcht und Schrecken auf den Weltmeeren,* Köln 1997.
Corn, C., *The Scents of Eden. A History of the Spice Trade,* New York 1998.
Cotton, W. C., *My Bee Book,* London 1842.
Crane, E., *The World History of Beekeeping and Honey Hunting,* New York 1999.
Crist, R. E., »The Citrus Industry in Florida«, in: *The American Journal of Economics and Sociology* 15 (1), 1955, S. 1–12.
Crosby, A. W., *Die Früchte des weißen Mannes. Ökologischer Imperialismus 900–1900,* Frankfurt/Main u. New York 1991.
Ders., *The Columbian Exchange. Biological and Cultural Consequences of 1492,* Westport u. London 2003 (30th Anniversary Edition).
Cuppage, F. E., *James Cook and the Conquest of Scurvy,* Westport 1994.
Ders., »Scurvy's Conquest and Sailors' Health«, in: *Historian* 57 (4), 1995, S. 695–702.

Dalby, A., *Dangerous Tastes. The Story of Spices,* 2. Aufl., London 2004.
David, R., »The Denise of the Anglo-Norwegian Ice Trade«, in: *Business History* 37 (3), 1995, S. 52–69.
Davies, P., »The Development of the International Trade in Bananas with Special Reference to their Carriage by Sea«, in: Friedland, K. (Hg.), *Maritime Food Transport,* Köln, Weimar u. Wien 1994, S. 349–362.
Dean, W., *Brazil and the Struggle for Rubber.* Cambridge 1987.

DeLoughrey, E., »Globalizing the Routes of Breadfruit and other Bounties«, in: *Journal of Colonialism and Colonial History* 8 (3), 2007.

Denzel, M. A. (Hg.), *Gewürze. Produktion, Handel und Konsum in der Frühen Neuzeit.* Beiträge zum 2. ernährungshistorischen Kolloquium im Landkreis Kulmbach, St. Katharinen 1999.

Dickason, D. G., »The Nineteenth-Century Indo-American Ice Trade: An Hyperborean Epic«, in: *Modern Asian Studies* 25 (1), 1991, S. 53–89.

Dinzelbacher, P. (Hg.), *Mensch und Tier in der Geschichte Europas,* Stuttgart 2000.

Dittrich, L., »Der Import von Wildtieren nach Europa – Einfuhren von der Frühen Neuzeit bis zur Mitte des 20. Jahrhunderts«, in: Pechlaner, H., Schratter, D., u. Heindl, G. (Hg.), *Tiere unterwegs. Historisches und Aktuelles über Tiererwerb und Tiertransporte,* Wien 2007, S. 1–64.

Dittrich, L., von Engelhardt, D., u. Rieke-Müller, A. (Hg.), *Die Kulturgeschichte des Zoos,* Berlin 2001.

Dittrich, L., u. Rieke-Müller, A., *Carl Hagenbeck (1844–1913). Tierhandel und Schaustellung im Deutschen Kaiserreich,* Frankfurt/Main 1998.

Dittrich, S., »Exoten an den Höfen von Renaissancefürsten und ihre Darstellung in der Malerei«, in: Dittrich, L., von Engelhardt, D., u. Rieke-Müller, A. (Hg.), *Die Kulturgeschichte des Zoos,* Berlin 2001, S. 9–29.

Doosry, J., »Das ›Rhinocerus‹ von Albrecht Dürer (1515)«, in: *Monatsanzeiger. Museen und Ausstellungen in Nürnberg* 233 (8), 2000, o. S.

Dorner, D., »Casanova und Hagenbeck«, in: *Die Gartenlaube* Jg. 16, 1869, S. 42–47.

Ellis, J., *Directions for Bringing over Seeds and Plants from the East-Indies and other Distant Countries in a State of Vegetation,* London 1770.

Ertl, T., *Seide, Pfeffer und Kanonen. Globalisierung im Mittelalter,* Darmstadt 2008.

Feldbauer, P., *Die Portugiesen in Asien 1498–1620,* Essen 2005.

Ferguson, A. R., »The 2008 Banks Memorial Lecture: Sir Joseph Banks and the Transfer of Crop Plants«, in: *New Zealand Garden Journal* 11 (2), 2008, S. 9–15.

Fleming, W. L., »Jefferson Davis's Camel Experiment«, in: *Popular Science Monthly* 74, 1909, S. 141–152.

Fletcher, M. E., »The Suez Canal and World Shipping 1869–1914«, in: *The Journal of Economic History* 18 (4), 1958, S. 556–573.

Flint, R. W., »American Showman and European Dealers. Commerce in Wild Animals in Ninteenth-Century America«, in: Hoage, R. J., u. Deiss, W. A. (Hg.), *New World – New Animals. From Menagerie to Zoological Park in Nineteenth Century,* Baltimore 1996, S. 97–108 u. 178–180.

Fortune, R., *Three Years' Wanderings in the Northern Provinces of China: Including a Visit to the Tea, Silk and Cotton Countries* [Reprint der Ausgabe von 1847], London 2001.

Ders., *Two Visits to the Tea Countries of China and the Himalaya,* London 1853.

Friedland, K. (Hg.), *Maritime Food Transport,* Köln, Weimar u. Wien 1994.

Fury, C. A., *Tides in the Affairs of Men. The Social History of Elizabethian Seamen 1580–1603,* Westport 2002.

Gelder, R. van, *Das ostindische Abenteuer. Deutsche in Diensten der Vereinigten Ostindischen Kompanie der Niederlande (VOC) 1600–1800,* Hamburg 2004.
George, W., »Sources and Background to Discoveries of New Animals in the Sixteenth and Seventeenth Centuries«, in: *History of Science* 18, 1980, S. 79–104.
Giese, U., *Wiener Menagerien,* Wien 1962.
Gilbert, E., u. Reynolds, J. T. (Hg.), *Trading Tastes. Commodity and Culture Exchange to 1750,* Upper Saddle River 2005.
Glania, G., *Das Welthandelsgut Kaffee,* Frankfurt/Main 1997.
Glenewinkel, A., *Ein Zoodirektor erzählt,* unveröffentl. Manuskript, Ahlfeld o. J.
Gordon, E. C., »Scurvy and Anson's Voyage Round the World: 1740–1744. An Analysis of the Royal Navy's Worst Outbreak«, in: *The American Neptune* XLIV (3), 1984, S. 155–166.
Greenhill, R. G., »Shipping and the refrigerated Meat Trade from the River Plate 1900–1930«, in: Friedland, K. (Hg.), *Maritime Food Transport,* Köln, Weimar u. Wien 1994, S. 417–432.
Gribbin, M., u. Gribbin, J., *Flower Hunters,* Oxford u. New York 2008.
Grove, R. H., *Green Imperialism. Colonial Expansion, Tropical Island Edens and the Origins of Environmentalism, 1600–1860,* Cambridge 1995.
Grünes Gold – Abenteuer Pflanzenjagd, Begleitheft zur gleichnamigen Ausstellung im Palmengarten der Stadt Frankfurt, Frankfurt/Main 2001.
Grüttner, A., u. Pfeil, M., »Die Orangen-Dynastie«, in: *Die Zeit* Nr. 51 vom 11. 12. 2003, S. 31.
Gunn, G. C., *First Globalization. The Eurasien Exchange 1500–1800,* Lanham 2003.

Hagenbeck, C., *Von Tieren und Menschen,* Berlin 1908.
Hagenbeck, L., *Den Tieren gehört mein Herz,* Hamburg 1955.
Hamann, H., u. a., *Bittere und süße Orangen. Südliche Träume für nördliche Gärten,* Potsdam 2005.
Hanson, E., *Animal Attractions. Nature on Display in American Zoos,* Princeton u. Oxford 2004.
Harlaftis, G., u. Starkey, D. J. (Hg.), *Global Markets: The Internationalization of the Sea Transport Industries since 1850.* International Maritime Economic History Ass. 1998.
Heck, L., *Auf Tiersuche in weiter Welt,* Berlin 1941.
Heise, U., *Kaffee und Kaffeehaus. Die Geschichte des Kaffees,* Frankfurt/Main u. Leipzig 2002.
Hengartner, T., u. Merki, C. M. (Hg.), *Genussmittel. Ein kulturgeschichtliches Handbuch,* Frankfurt/Main u. New York 1999.
Hershey, D. R., »Doctor Ward's Accidental Terrarium«, in: *The American Biology Teacher* 58 (5), 1996, S. 276–281.
Heuten, S., »Die Reise von Nelke und Muskatnuss«, in: Holl, F. (Hg.), *Gewürze –*

Sinnlicher Genuss, Lebendige Geschichte. Begleitbuch zur Sonderausstellung im Lokschuppen Rosenheim 2010, S. 160–183.

Hielscher, K., u. Hücking, R., *Pflanzenjäger. In fernen Welten auf der Suche nach dem Paradies,* München 2004.

Hilck, E., u. Auf dem Hövel, R., *Jenseits von minus Null. Die Geschichte der deutschen Tiefkühlwirtschaft,* Hamburg 1979.

Hill, D., *1788: The Brutal Truth of the First Fleet,* Sydney 2008.

Hoage, R. J., u. Deiss, W. A. (Hg.), *New Worlds, New Animals. From Menagerie to Zoological Park in the Nineteenth Century,* Baltimore u. London 1996.

Hobhouse, H., *Sechs Pflanzen verändern die Welt,* Stuttgart 2001

Ders., *Seeds of Wealth. Four Plants that Made Men Rich,* London 2003.

Hooker, J. D. (Hg.), *The Antarctic Voyage of H. M. Discovery ships* Erebus *and* Terror *in the Years 1839–1943 under the Command of Sir James Clark Ross,* London 1847.

Hooker, W. J., *Notes on the Botany of the Antarctic Voyage,* London 1843.

Horn, T., *Bees in America. How the Honey Bee Shaped a Nation,* Kentucky 2005.

Hornig, K., »Großtiertransporte zu Wasser im antiken Vorderasien und Nordafrika«, in: *Skyllis* 2 (1), 1999, S. 16–26.

Ders., »Pflanzentransporte zu Wasser im antiken Mittelmeerraum«, in: *Skyllis,* 2 (2), 1999, S. 126–137.

Höver, O., *Von der Galliot zum Fünfmaster. Unsere Segelschiffe in der Weltschifffahrt 1780–1930* [Reprint der Ausgabe von 1934], Norderstedt 1975.

Howard, R. A., »A History of the Botanic Garden of St. Vincent, British West Indies«, in: *Geographical Review* 44 (3), 1954, S. 381–393.

Hühnel, H., »Kaiserliche »Gärtnergesellen« bereisen Amerika«, in: Zeilinger, E. (Hg.), *Österreich und die Neue Welt,* BIBLOS-Schriften 160, 1993, S. 95–102.

Humboldt, A. v., *Ideen zu einer Geographie der Pflanzen nebst einer Naturgeschichte der Tropenländer,* Tübingen 1807.

Jackson, J., *The Thief at the End of the World. Rubber, Power, and the Seeds of Empire,* London 2008.

Jacob, H. E., *Kaffee. Die Biographie eines weltwirtschaftlichen Stoffes,* München 2006.

Johansen, H. C., »Shipping and Navigation on the Oceans 1300–1800«, in: Cavaciocchi, S. (Hg.), *Prodotti e tecniche d'oltremare nelle economie europee. Secc. XIII–XVIII,* Firenze 1998, S. 905–926.

Johnson, J. J., »The Introduction of the Horse into the Western Hemisphere«, in: *The Hispanic American Historical Review* XXIII (4), 1943, S. 587–610.

Keay, J., *The Spice Route,* London 2006.

Kennedy, D., u. Lucks, M., »Rubber, Bligh, and Mosquitoes«, in: *Environmental History* 4 (3), 1999, S. 369–383.

Kiedel, K.-P., *Kühlschiffe. Der weite Weg der Banane von der Plantage zum Verbraucher,* Bremerhaven 2000.

Kiple, K. F., *A Movable Feast. Ten Millennia of Food Globalization,* New York 2007.

Kirchshofer, R. (Hg.), *Zoologische Gärten der Welt. Die Welt des Zoo,* Frankfurt/Main 1966.

Kisling, V.N. (Hg.), *Zoo and Aquarium History. Ancient Animal Collection to Zoological Gardens,* Boca Raton 2001.

Klemun, M., »Globaler Pflanzentransfer und seine Transferinstanzen als Kultur-, Wissens- und Wissenschaftstransfer der frühen Neuzeit«, in: *Berichte zur Wissenschaftsgeschichte* 29 (3), 2006, S. 205–223.

Korneffel, P., *Der Eiskönig von Boston,* Spiegel Online vom 12. 4. 2008.

Kraus, M., u. Ottomeyer, H. (Hg.), *Novos Mundos – Neue Welten. Portugal und das Zeitalter der Entdeckungen,* Dresden 2008.

Krieger, M., *Tee. Eine Kulturgeschichte,* Köln, Weimar u. Wien 2009.

Kronfeld, E.M., *Park und Garten von Schönbrunn,* Zürich, Leipzig u. Wien 1923.

Kunst- und Ausstellungshalle der Bundesrepublik Deutschland GmbH u. a. (Hg.), *James Cook und die Entdeckung der Südsee,* München 2009.

Kurt, F., »Die Geschichte der Haltung von Elefanten in Menschenobhut«, in: *Zeitschrift des Kölner Zoo* 49 (2), 2006, S. 59–81.

Lagueux, O., »Geoffroy's Giraffe: The Hagiography of a Charismatic Mammal«, in: *Journal of the History of Biology* 36, 2003, S. 225–247.

Laszlo, P., *Circus: A History,* Chicago 2007.

Levinson, M., *The Box. How the Shipping Container Made the World Smaller and the Economy Bigger,* Princeton 2006.

Lijju, B.J., Robertshaw, P., u. Taylor, D., »Africa's earliest Bananas«, in: *Journal of Archaeological Science* 33, 2006, S. 102–113.

Lindsay, T.J., »The Hankow Steamer Races«, in: *Journal of Hong Kong Branch of the Royal Asiatic Society* 8, 1968, S. 44–55.

Linhart, P., Adams, D.B., u. Voracek, T., »The International Transportation of Zoo Animals: Conserving Biological Diversity and Protecting Animal Welfare«, in: *Vetrinaria italiana* 44 (1), 2008, S. 49–57.

Liu, A.B., »The Birth of a Noble Tea Country: On the Geography of Colonial Capital and The Origins of Indian Tea«, in: *Journal of Historical Sociology* 23 (1), 2010, S. 73–100.

Loheide, B., »Beef Around the World – Die Globalisierung des Rindfleischhandels bis 1914«, in: *Comparativ. Zeitschrift für Globalgeschichte und vergleichende Gesellschaftsforschung* 17 (3), 2007, S. 46–67.

Love, R.S., *Maritime Exploration in the Age of Discovery 1415–1800,* Westport 2006.

MacGregor, D.R., *The Tea Clippers. Their History and Development 1833–1875,* London 1983.

Mackay, D., »Banks, Bligh and Breadfruit«, in: Ballantyne, T. (Hg.), *Science, Empire and the European Exploration of the Pacific,* Farnham 2004, S. 61–77.

Marboe, A., u. Obenaus, A. (Hg.), *Seefahrt und die frühe europäische Expansion,* Wien 2009.

Marcone, M. F., »Composition and Properties of Indonesian Palm Civet Coffee (Kopi Luwak) and Ethiopian Civet Coffee«, in: *Food Research International* 37, 2004, S. 901–912.

Martin, L. R., »Horse and Cargo Handling on Medieval Mediterranean Ships«, in: *The International Journal of Nautical Archaeology* 31 (2), 2002, S. 237–247.

Mbida, C., u. a., »The Initial History of Bananas in Africa. A reply to Jan Vansina, Azania, 2003«, in: *Azania: Archaeological Research in Africa* 40 (1), 2005, S. 128–135.

Menninger, A., *Genuss im kulturellen Wandel. Tabak, Kaffee, Tee und Schokolade in Europa (16. –19. Jahrhundert),* Stuttgart 2004.

Ders., »Genussmittel als Weltkonflikt. Der Opiumkrieg und die Globalisierung der Teepflanze«, in: Beck, T., u. a. (Hg.), *Barrieren und Zugänge. Die Geschichte der europäischen Expansion.* Festschrift für Eberhard Schmitt zum 65. Geburtstag, Wiesbaden 2004, S. 139–159.

Ders., »Tabak, Kaffee, Tee und Schokolade in Wissenskulturen der Frühen Neuzeit«, in: *Zeitenblicke – Online-Journal für Geschichtswissenschaften* 9, Nr. 3, 2009.

Moore, G. A., »Oranges and Lemons: Clues to the Taxonomy of Citrus from Molecular Markers«, in: *Trends in Genetics* 17 (9), 2001, S. 536–540.

Müller, I., »Geißel der Seefahrt? Über Skorbut und Zitrusfrüchte«, in: *Schiff und Zeit* 3, 1976, S. 33–42.

Müller, R., »100 Jahre Tiergroßhandlung L. Ruhe/Alfeld«, in: *Der Zoologische Garten* 28 (2/3), 1963, S. 12–19.

Murray, S., *Moveable Feasts: From Ancient Rome to the 21st Century, the Incredible Journeys of the Food we Eat,* New York 2008.

Museum der Stadt Alfeld (Hg.), *Sammlung exotischer Tierpräparate,* Alfeld 1996.

Musgrave, T., Gardner, C., u. Musgrave, W., *Pflanzensammler und -entdecker. Zweihundert Jahre abenteuerliche Expeditionen,* München 1999.

Musgrave, T., u. Musgrave, W., *An Empire of Plants. People and Plants that Changed the World,* London 2002.

Nagel, J. G., *Abenteuer Fernhandel. Die Ostindienkompanien,* Darmstadt 2007.

Newcombe, C. F. (Hg.), *Menzies' Journal of Vancouvers Voyage, April to October 1792,* Victoria 1923.

Nowotny, O., »Die Forschungs- und Sammelreisen des Nicolaus J. Jacquin in die Karibik und zu den Küsten Venezuelas und Kolumbiens 1755–1759«, in: Zeilinger, E. (Hg.), *Österreich und die Neue Welt,* BIBLOS-Schriften 160, 1993, S. 89–94.

Oettermann, S., *Die Schaulust am Elefanten. Eine Elephantographia Curiosa,* Frankfurt/Main 1982.

Ortmayr, N., »Kulturpflanzentransfer 1492–2000«, in: *Beiträge zur historischen Sozialkunde* 1, 2002, S. 22–30.

Ders., »Kulturpflanzentransfer und Ausbreitungsprozess im 18. Jahrhundert«, in: Grandtner, M., u. Komlosy, A. (Hg.), *Vom Weltgeist beseelt. Globalgeschichte 1700–1815,* Wien 2004.

Palla, R., *Unter Bäumen. Reise zu den größten Lebewesen,* Wien 2006.

Parry, J. H., *The Discovery of the Sea,* London 1975.

Pawson, E., »Plants, Mobilities and Landscapes: Environmental Histories of Botanical Exchange«, in: *Geography Compass* 2/3, 2008, S. 1464–1477.

Pechlaner, H., Schratter, D., u. Heindl, G. (Hg.), *Tiere unterwegs. Historisches und Aktuelles über Tiererwerb und Tiertransporte,* Wien 2007.

Pelc, O., »Hagenbeck auf der Weltausstellung in Chicago (1893) und St. Louis (1904)«, in: *Zeitschrift des Vereins für hamburgische Geschichte* 86, 2000, S. 89–113.

Pelc, O., u. Gretzschel, M. (Hg.), *Hagenbeck. Tiere, Menschen, Illusionen,* Hamburg 1998.

Pendergast, M., *Kaffee. Wie eine Bohne die Welt veränderte,* Bremen 2005.

Perren, R., »The North American Beef and Cattle Trade with Great Britain 1870–1914«, in: *The Economic History Review* 24 (3), 1971, S. 430–444.

Ders., »The Meat and Livestock Trade in Britain 1850–70«, in: *The Economic History Review* 28 (3), 1975, S. 385–400.

Ders., *Taste, Trade and Technology. The Development of the International Meat Industry since 1840,* Aldershot 2006.

Pieper, R., *Die Vermittlung einer Neuen Welt. Amerika im Nachrichtennetz des Habsburgischen Imperiums 1493–1598,* Mainz 2000.

Poivre, P., *Reisen eines Philosophen 1768,* eingeleitet, übersetzt und erläutert von J. Osterhammel, Sigmaringen 1997.

Poley, D. (Hg.), *Berichte aus der Arche: Nachzucht statt Wildfang; Natur- und Artenschutz im Zoo; Menschen und Tiere; Die Zukunft der Zoos,* Stuttgart 1993.

Powell, D., »The Voyage of the Plant Nursery, H. M. S. *Providence,* 1791–1793«, in: *Economic Botany* 31, 1977, S. 387–431.

Preuß, O., *Eine Kiste erobert die Welt. Der Siegeszug einer einfachen Erfindung,* Hamburg 2006.

Proctor, D. V. (Hg.), *Ice Carrying Trade of Sea,* London 1981.

Pryor, J. H. (Hg.), *Logistics of Warfare in the Age of Crusades.* Proceedings of a Workshop held at the Centre for Medieval Studies, University of Sydney, 30. September to 4. October 2002, Aldershot 2006.

Ptak, R., *Die maritime Seidenstraße. Küstenräume, Seefahrt und Handel in vorkolonialer Zeit,* München 2007.

Ramón-Laca, L., »The Introduction of Cultivated Citrus to Europe via Northern Africa and the Iberian Peninsula«, in: *Economic Botany* 57 (4), 2003, S. 502–514.

Reilly, W., »Capt. Atwood saved ship from deadly fire and ice«, in: *Bangor Daily News* vom 1. 2. 2010.

Reinink, W., *Eiskeller. Kulturgeschichte alter Kühltechniken,* Wien, Köln u. Weimar 1995.

Reitz, D., *Die Kreuzzüge Ludwigs IX. von Frankreich 1248/1270,* Münster 2005.

Ridley, G., *Claras Grand Tour. Die spektakuläre Reise mit einem Rhinozeros durch das Europa des 18. Jahrhunderts,* Hamburg 2008.

Riedl-Dorn, C., »Tiere auf weiter Fahrt. Expeditionen für Tiergarten und Museum«, in: Ash, M. G., u. Dittrich, L. (Hg.), *Menagerie des Kaisers – Zoo der Wiener. 250 Jahre Tiergarten Schönbrunn,* Wien 2002, S. 345–376.

Ders., *Hohes Tier: Die Geschichte der ersten Giraffe in Schönbrunn,* Wien 2008.

Ders., »Zu Freibeutern und Piraten im Auftrag des Kaisers. Forschungsreisen im 18. Jahrhundert«, in: Zedinger, R., u. Schmale, W. (Hg.), *Franz Stephan von Lothringen und sein Kreis,* Bochum 2009, S. 269–291.

Rieger, M., *Introduction to Fruit Corps,* New York, London u. Oxford 2006.

Rieke-Müller, A., u. Dittrich, L., *Der Löwe brüllt nebenan. Die Gründung Zoologischer Gärten im deutschsprachigen Raum 1833–1869,* Köln, Weimar u. Wien 1998.

Rifkin, J., *Das Imperium der Rinder,* Frankfurt/Main u. New York 1992.

Rigby, N., »The Politics and Pragmatics of Seaborn Plant Transportation, 1769–1805«, in: Lincoln, M. (Hg.), *Science and the Exploration in the Pacific. European Voyages to the Southern Oceans in the Eighteenth Century,* Greenwich 1998, S. 81–100.

Robbins, L. E., *Elephant Slaves & Pampered Parrots. Exotic Animals in Eighteenth Century Paris,* Baltimore u. London 2002.

Röhl, S., »Nelke, Zimt, Muskatnuss. Pigafetta auf den Molukken (1521)«, in: Bracher, P., Hertweck, F., u. Schröder, S. (Hg.), *Materialität auf Reisen. Zur kulturellen Transformation der Dinge,* Berlin 2006, S. 67–85.

Rookmaaker, K., »Nashörner und Menschen«, in: Adcock A., u. a. (Hg.), *Die Nashörner,* Fürth 1997, S. 7–13.

Rothermund, D., »Tee«, in: Hengartner, T., u. Merki, C. M. (Hg.), *Genussmittel. Ein kulturgeschichtliches Handbuch,* Frankfurt/Main u. New York 1999, S. 141–168.

Rothfels, N., *Bring 'Em Back Alive: Carl Hagenbeck and Exotic Animal and People Trade in Germany 1848–1914,* Harvard University 1994.

Ders., *Savages and Beasts. The Birth of the Modern Zoo,* London 2002.

Ruhe, H., *Wilde Tiere frei Haus,* München 1960.

Salentiny, F., *Die Gewürzroute. Die Entdeckung des Seeweges nach Asien,* Köln 1999.

Sandgruber, R., *Bittersüße Genüsse. Kulturgeschichte der Genussmittel,* Wien 1986.

Ders., »Genussmittel. Ihre reale und symbolische Bedeutung im neuzeitlichen Europa«, in: *Jahrbuch für Wirtschaftsgeschichte* 1, 1994, S. 73–88.

Schiebinger, L., *Plants and Empire. Colonial Bioprospecting in the Atlantic World,* London 2004.

Schmitt, E., *Die Anfänge der europäischen Expansion,* Idstein 1991.

Ders., »Expansion nach Übersee. Gewürze, Genussmittel und Farben für Europa«, in: *Kultur & Technik* 4, 1988, S. 207–213.

Ders. (Hg.), *Indienfahrer 2. Seeleute und Leben an Bord im Ersten Kolonialzeitalter,* Wiesbaden 2008.

Schmitt, E., Schleich, T., u. Beck, T. (Hg.), *Kaufleute als Kolonialherren. Die Handelswelt der Niederländer vom Kap der Guten Hoffnung bis Nagasaki 1600–1800,* Bamberg 1988.

Schneider, J., »›Macht munter und vertreibt den Schlaf …‹. Produktion, Handel und Konsum von Kaffee«, in: *Kultur & Technik* 4, 1988, S. 230–237.

Ders., »The Effects on European Markets of Imports of Overseas Agriculture: The Production, Trade and Consumption of Coffee (15th to late 18th Century)«, in: Pardo, J.C. (Hg.), *Economic Effects of the European Expansion 1492–1824*, Stuttgart 1992, S. 283–306.

Ders., »Die neuen Getränke: Schokolade, Kaffee und Tee (16. –18. Jahrhundert)«, in: Cavaciocchi, S. (Hg.), *Prodotti e tecniche d'oltremare nelle economie europee. Secc. XIII–XVIII*, Firenze 1998, S. 541–581.

Schnyder von Waldkirch, A., *Wie Europa den Kaffee entdeckte. Reiseberichte der Barockzeit als Quellen zur Geschichte des Kaffees*, Zürich 1988.

Schröder, R., *Kaffee, Tee und Kardamom. Tropische Genussmittel und Gewürze. Geschichte, Verbreitung, Anbau, Aufbereitung*, Stuttgart 1991.

Schultes, R. E., »The Odyssey of the Cultivated Rubber Tree«, in: *Endeavour* 1 (3/4), 1977, S. 133–138.

Ders., »The Domestication of the Rubber Tree: Economic and Sociological Implications«, in: *American Journal of Economics and Sociology* 52 (4), 1993, S. 479–485.

Scigliano, E., *Love, War and Circuses. The Age-Old Relationship between Elephants and Humans*, London 2002.

Seipel, W. (Hg.), *Exotica. Portugals Entdeckungen im Spiegel fürstlicher Kunst- und Wunderkammern der Renaissance*, Wien 2000.

Ders. (Hg.), *Die Entdeckung der Welt. Die Welt der Entdeckungen. Österreichische Forscher, Sammler, Abenteurer*, Katalog zur Ausstellung des Kunsthistorischen Museums, Wien 2002.

Sharma, J., »British Science, Chinese Skill and Assam Tea: Making Empire's Garden«, in: *The Indian Economic and Social History Review* 43 (4), 2006, S. 429–455.

Spary, E., »Of Nutmegs and Botanists: The Colonial Cultivation of Botanical Identity«, in: Schiebinger L., u. Swan, C. (Hg.), *Colonial Botany. Science, Commerce, and Politics in the Early Modern World*, Philadelphia 2007, S. 187–203.

Spary, E., u. White, P., »Food of Paradise: Tahitian Breadfruit and the Autocritique of European Consumption«, in: *Endeavour* 28 (2), 2004, S. 75–80.

Steinmetzer, J., u. Groß, D., »Medizinisch-naturwissenschaftliches Wissen in Georg Forsters *Reise um die Welt:* Das Beispiel Skorbutprophylaxe«, in: Groß, D., u. a. (Hg.), *Die Konstruktion von Wissenschaft*. Beiträge zur Medizin-, Literatur- und Wissensgeschichte, Kassel 2008, S. 81–100.

Stopford, M., *Maritime Economics*, 3. Aufl., New York 2009.

Streller, S., u. Roth, K., »Der lange Kampf gegen Skorbut. Von Seefahrern, Meerschweinchen und Citrusfrüchten«, in: *Chemie in unserer Zeit* 43, 2009, S. 38–54.

Subrahmanayam, S., *The Portuguese Empire in Asia 1500–1700. A Political and Economic History*, London 1993.

Teuteberg, H.-J., »Zur Geschichte der Kühlkost und des Tiefgefrierens«, in: *Unternehmensgeschichte* 16, 1991, S. 139–155.

Ders., »Kaffee«, in: Hengartner T., u. Merki, C. M. (Hg.), *Genussmittel. Ein kulturgeschichtliches Handbuch*, Frankfurt/Main u. New York 1999, S. 81–140.

Tschoeke, J., »Frostige Glieder. Aspekte der Kühlkette«, in: Centrum Industriekultur Nürnberg u. Münchner Stadtmuseum (Hg.), *Unter Null. Kunsteis, Kälte und Kultur,* München 1991, S. 128–142.

Ukers, W. H., *All About Coffee,* 2. Aufl., Mansfield 2007.

Vaupel, E., *Gewürze. Acht kulturhistorische Porträts,* München 2002.
Viola, H. J., u. Margolis, C. (Hg.), *Seeds of Change: A Quincentennial Commemoration,* Washington u. London 1991.
Vogel, K., »Scurvy – ›The Plague of the Sea and the Spoyle of Mariners‹ «, in: *Bulletin of the New York Academy of Medicine* IX (8), 1933, S. 459–483.

Wang, S. L., »The Profitability of Anglo-Chinese Trade, 1861–1913«, in: *Business History* 35 (3), 1993, S. 30–65.
Warburg, O., *Die Muskatnuss, ihre Geschichte, Botanik, Kultur, Handel und Verwertung, sowie ihre Verfälschungen und Surrogate. Zugleich ein Beitrag zur Kulturgeschichte der Banda-Inseln,* Leipzig 1897.
Ward, N. B., *On the Growth of Plants in Closely Glazed Cases,* 2. Aufl., London 1852.
Watt, J., »The Voyage of Captain George Vancouver 1791–1795: Interplay of Physical and Psychological Pressures«, in: *Canadian Bulletin of Medical History* 5, 1987, S. 33–51.
Weightman, G., *The Frozen Water Trade. How Ice from New England Lakes Kept the World Cool,* London 2002.
Wendt, H., *Kurs Südamerika,* Bielefeld 1958.
Wendt, R., »Überseeische Ernährungsprodukte im frühneuzeitlichen Europa«, in: Cavaciocchi, S. (Hg.), *Prodotti e tecniche d'oltremare nelle economie europee. Secc. XIII–XVIII,* Firenze 1998, S. 143–174.
Ders., »Globalisierung von Pflanzen und neue Nahrungsgewohnheiten: zur Funktion botanischer Gärten bei der Erschließung natürlicher Ressourcen der überseeischen Welt«, in: Beck, Th., Gründer, H., Pietschmann H., u. Ptak, R. (Hg.), *Überseegeschichte.* Beiträge der jüngeren Forschung, Stuttgart 1999, S. 200–220.
Ders., »Des Kaisers wundersame Heilung. Zum Zusammenhang von Mission, Medizin und interkontinentalem Pflanzenaustausch«, in: Wendt, R. (Hg.), *Sammeln, Vernetzen, Auswerten. Missionare und ihr Beitrag zum Wandel,* Tübingen 2001, S. 23–43.
Ders., » ›Dinner for One‹ und die versteckte Präsenz des Fremden im Kulinarischen«, in: *Grenzgänge.* Festschrift zu Ehren von Prof. Wilfried Wagner, Hamburg 2004, S. 225–246.
Whittle, T., *Pflanzenjäger,* München 1970.
Wilke, K., *»Die deutsche Banane«. Wirtschafts- und Kulturgeschichte der Banane im Deutschen Reich 1900–1939,* Phil. Diss., Hannover 2004.
Williams, D. M., »Growth, Market Shifts and Technological Change – The Citrus Trade to Britain in the Nineteenth Century«, in: Friedland, K. (Hg.), *Maritime Food Transport,* Köln, Weimar u. Wien 1994, S. 325–348.

Williams, G., »The *Endeavour* Voyage: A Coincidence of Motives«, in: Lincoln, M. (Hg.), *Science and Exploration in the Pacific,* Greenwich 1998, S. 3–18.
Wilson, C. A., *The Book of Marmalade,* Philadelphia 1999.
Wippich, R.-H., »Piraten, Kauffahrer und Piratenabwehr. Der Kampf gegen das chinesische ›Meeresgesindel‹ im 19. Jahrhundert«, in: Beck, T. u. a. (Hg.), *Barrieren und Zugänge. Die Geschichte der europäischen Expansion.* Festschrift für Eberhard Schmitt zum 65. Geburtstag, Wiesbaden 2004, S. 276–299.
Wright, W., u. Muzzatti, S. L., »Not in my Port: The ›Death Ship‹ of Sheeps and Crimes of Agri-Food Globalization«, in: *Agriculture and Human Values* 24, 2007, S. 133–145.

Zeller, F. J., *Herkunft, Diversität und Züchtung der Banane und kultivierter Zitrusarten,* Beiheft Nr. 81 des *Journal of Agriculture and Rural Development in the Tropics and Suptropics,* Kassel 2005.
Zinke, J., *Der Transport von Haustieren zur See,* Bern 1916.

Orts- und Sachregister

Personenregister

Dank

Nach zwei Büchern über mehr oder weniger ungewöhnliche Lebewesen, die sich im Meer tummeln, schien mir ein Buch über das Meer als »Transportfläche« reizvoll. Wieder sollten Tiere und Pflanzen im Mittelpunkt stehen. Der mareverlag hat den Vorschlag bereitwillig aufgenommen: Katja Scholtz hat das Projekt von Beginn an unterstützt und wohlwollend begleitet. Sabine Wünsch hat den Band in angenehmer Zusammenarbeit lektoriert, und Sophia Hungerhoff hat ihm den letzten Schliff gegeben.

Ina Gravenkamp (Alfeld) hat mir umfangreiches Material zu den Firmen Ruhe und Reiche überlassen. Marianne Jagerhofer, Stan Nadel, Norbert Ortmayr und Marcus Popplow haben zahlreiche Anregungen gegeben. Marianne Jagerhofer und Reinhold Reith haben zudem das Manuskript gelesen, kommentiert und kritisiert.

Sie alle haben großen Anteil daran, dass aus dem ersten Konzept nun ein Buch geworden ist: Ihnen allen ein herzliches Dankeschön!

Seekirchen am Wallersee
Im Dezember 2010
Birgit Pelzer-Reith